Alexander Schug

FRED&OTTO
unterwegs in
Brandenburg
Wanderführer für Hunde

Zeichenerklärungen

🌿	Wanderweg (Hauptroute)
🌿	Wanderweg (Erweiterung)
1 2	Wegpunkte
P	Parken
🚍	Öffentliche Verkehrsmittel
i	Info
»	Start
«	Ziel
O	Besonderer Ort
🗺	Karten
!	Aufgepasst!
🛏	Unterkunft
🍴	Gastro
✚	Tierarzt

Alexander Schug

FRED & OTTO
unterwegs in Brandenburg
Wanderführer für Hunde

Komfortable Ruhepausen

MIT WOLTERS BEI ALLEN AUSFLÜGEN

Das Beste FÜR DEINEN HUND

WOLTERS
wolters-cat-dog.de

Inhalt

	Vorwort	6
	Wandern mit Hund	8

Norden

Tour 01: Der Große Stechlinsee und ein wilder Hahn	19
Tour 02: Rund um den Roofensee	25
Tour 03: Rheinsberg und der Poetensteig	31
Tour 04: Ruppiner Schweiz – die Binenbachtal-Tour	37
Tour 05: Zurück in die Eiszeit und den Grumsiner Urwald	41
Tour 06: Auf nach Brodowin	45
Tour 07: Die Lindseen-Tour (Schorfheide)	49
Tour 08: Durch die Biesenthaler Oberheide	53
Tour 09: Vom „gelobten Tal" in tiefe Schluchten	57
Tour 10: Direkt vor der Stadt: Das Briesetal	61
Tour 11: Durch den Summter Wald im Mühlenbecker Land	65

Osten

Tour 12: Durch den Gamengrund bei Tiefensee	71
Tour 13: In die Steinbecker Heide	75
Tour 14: Die Mühlentour durch die Märkische Schweiz	79
Tour 15: Die Maxsee-Rundtour	85
Tour 16: Einmal rund um den Trebuser See	89
Tour 17: Auf die Rauener Berge zum Markgrafenstein	95
Tour 18: Erkundungen auf der Halbinsel Schmöckwitz	101

Süden

Tour 19: Die Waldweisen in Märkisch Buchholz	107
Tour 20: Durch die Köthener Heide mit den Kötern	113
Tour 21: Entlang der Hauptspree bei Hartmannsdorf	117
Tour 22: Durch den Spreewald bei Burg	121
Tour 23: Schlaubetal I – Großer Treppelsee	125
Tour 24: Schlaubetal II – Bremsdorfer Mühle	129

Westen

Tour 25: 3-Berge-Tour im Milower Land	135
Tour 26: Ins Marzahner Fenn	139
Tour 27: Deichwanderung entlang der Havel	143
Tour 28: Glindower Alpenglühen	149
Tour 29: Vom Nieplitztal zum Köterberg	153
Tour 30: Burg Rabenstein und das Planetal	157

Vorwort

„Was ist das Besondere an einem Hundewanderführer?" wurde ich bei den Recherchen zu diesem Buch oft gefragt. Doch schon nach den ersten Erklärungen war den meisten klar, dass ein Wanderführer für Vierbeiner ganz andere Aspekte berücksichtigt, als einer für Zweibeiner oder einer für Touren mit Kindern.

Hundebesitzer und ihre besten Freunde stellen eigene Ansprüche an einen perfekten Tag in der Natur. Ob Freilauf- oder Wasserstellen, einsame Wege, Schattenplätze oder hundefreundliche Gaststätten – jeder Hundebesitzer ist froh, wenn er geprüfte Tipps von Gleichgesinnten erhält. Und damit nicht nur die Wanderung, sondern auch das Drumherum passt, finden in diesem Wanderführer zudem hundefreundliche Übernachtungsmöglichkeiten sowie Tierärzte im Umkreis ihren Platz.

Natürlich konnten nicht alle schönen Wanderungen der Region in diesem Buch Platz finden. Deshalb habe ich bei der Auswahl darauf geachtet, unterschiedliche Schwierigkeitsgrade, kurze und lange Routen, Sommer- und Wintertouren, breite Flachlandwege und abenteuerlichere Pfade sowie die Vielfalt der verschiedenen Wanderregionen in Brandenburg vorzustellen. So findet in diesem Wanderführer hoffentlich jedes Mensch-Hund-Gespann zahlreiche Anregungen für neue Ziele. Und ganz nebenbei: Die Lektüre enthält mit Sicherheit auch für Nichthundebesitzer interessante Routen und Informationen. Hintergrundwissen, Insidertipps und Wegecharakteristik gelten schließlich für alle gleich.

Hilfreich für alle sind zudem die GPS-Daten sowie das ausführliche Kartenmaterial. Nicht zu vergessen sind die Artikel über das Thema Ausrüstung, Sicherheit im Gelände und besondere Aspekte beim Wandern mit Hund zu Anfang des Buches. Denn bevor es auf längere Touren geht, sollte man sich gut vorbereiten. Schließlich trägt der Hundebesitzer die Verantwortung für sich und seinen Vierbeiner.

Ein besonderer Dank gilt meinen Freunden Bernhard Persch mit Lolo, Jan Villwock, Michael Kerling und Thore Krietemeyer mit Apo. Sie haben mich und die Hunde auf vielen meiner Touren begleitet und vie-

Otto und Lolo unterm Regenbogen im Havelland

le Anregungen und Wissen über die terra incognita brandenburgensis geteilt. Tatsächlich bietet Brandenburg eine unglaubliche Vielfalt an Landschaften: dichte Wälder, Heide, kleine Berglandschaften, romantische Schluchten – und vor allem: Wasser. Waren wir anfangs nur ausflugsweise in alle Himmelsrichtungen unterwegs, so steigerten sich die Brandenburgaufenthalte am Ende auf mehrere Tage, vorzugsweise mit Übernachtung im Zelt, die Unmittelbarkeit zur Natur war überwältigend. Die Hunde zeigten dort ganz neue Verhaltensweisen, waren sprichwörtlich in ihrem Element: wilder, neugieriger und am Ende – mit müden Pfoten – für Tage ausgeglichen.

In diesem Sinne wünsche ich viel Spaß beim Schmökern und Wandern.

Alexander Schug mit Otto

Was zu beachten ist ...

Wandern mit Hund

Wandern mit Hund: Ist das etwas anderes als der tägliche Spaziergang? Ja, auf jeden Fall! Die Touren sind länger und haben unterschiedliche Schwierigkeitsgrade. Abseits bekannter Spazierwege gelten oft andere Regeln. Zudem gibt es zusätzliche Aspekte für den Vierbeiner zu berücksichtigen. Schließlich trägt der Besitzer die Verantwortung für sich und seinen besten Freund. In diesem Kapitel sind alle wichtigen Informationen kurz und bündig zusammengefasst.

Daten und Fakten zum Wanderführer

Der Wanderführer richtet sich an Urlauber genauso wie „Einheimische", die neue Routen entdecken möchten. Alle Touren sind Rundwanderungen, bei denen unterwegs eine hundefreundliche Einkehrmöglichkeit besteht. Auch wurde bei der Auswahl darauf geachtet, Touren in unterschiedlicher Länge, für verschiedene Jahreszeiten und mit unterschiedlichen Schwierigkeitsgraden vorzustellen: leicht und mittelschwer. Die Kategorie „schwer" haben wir in Brandenburg nach einiger Zeit gestrichen: Auf- und Abstiege mit Absturzgefahr wie in den Alpen gibt es hier nun nicht gerade, selbst wenn man in Gebieten wie den Glindower Alpen manchmal zumindest die Illusion steiler Gebirgslandschaften vermittelt bekommt. Natürlich entspricht diese Einstufung individuellem Empfinden. Wobei die Einteilung auf einen durchschnittlich geübten Wanderer mit seinem Hund abgestimmt ist. Leichte Wanderungen entsprechen breiten Forst- oder Wanderwegen ohne nennenswerte Anstiege. Mittlerschwere Wanderungen sind anspruchsvoller. Hier können lange Wege, leichte Steigungen,

Nach über einem Jahr Wandern outdoorerprobt: Otto und Alexander Schug

schmale Pfade und eventuell Geröll, übergroße Steine, rutschige Wurzeln das Wandern erschweren. Gehzeiten entsprechen der allgemein üblichen Berechnung: Bei flachen Strecken wurden 4 Kilometer beziehungsweise 300 Höhenmeter pro Stunde kalkuliert.

Die Touren in dem Wanderführer sind geografisch von Nord, Ost nach Süd und West nummeriert und entsprechend in den Klappkarten eingezeichnet. Detailbeschreibungen der Touren in diesem Buch wurden nach bestem Wissen und Gewissen recherchiert, wobei es möglich sein kann, dass Strecken sich ändern – die Natur verändert sich, Wege wuchern zu oder werden anders gelegt, deshalb freuen wir uns auch jederzeit auf Ihr Feedback.
Ein besonderer Service dieses Buches ist das Adressverzeichnis, welches übersichtlich strukturiert neben Touristeninformationen, Hotels und Gaststätten zudem Kontaktdaten von Tierärzten vor Ort enthält.

Auf ins Wandervergnügen

Wandern – gut geplant macht doppelt Spaß

Jeder, der einen Vierbeiner hat, ist täglich draußen unterwegs. Doch anders als der Alltagsspaziergang benötigt eine Wanderung etwas Vorbereitung. Wichtig ist dabei nicht nur die eigene Kondition, sondern auch die des Hundes richtig einzuschätzen. Entsprechend sollten dann Tourlänge, Schwierigkeitsgrad und Pausen darauf abgestimmt werden. Lange Wanderungen sind übrigens für Hundewelpen und Junghunde – je nach Rasse von 12 Monaten bis zu 2 Jahren – kranke sowie auch ältere Hunde nichts! Gleiches gilt für schwere und kurzbeinige Rassen oder untrainierte Hunde. Dementsprechend bitte Tourlänge und Schwierigkeitsgrad lieber zu langsam als zu schnell steigern.
In diesem Buch sind alle wichtigen Informationen von der Anfahrt über die genaue Route inklusive GPS-Daten bis hin zu Verpflegungs- und Übernachtungsmöglichkeiten enthalten.

Was verraten uns die Wolken? Sonnenuntergang bei Brodowin

Wetter und Gewitter

Es schadet nichts, sich selbst ein wenig in das Thema Wetterkunde einzuarbeiten. Erster Anhaltspunkt ist zum Beispiel die Himmelsfarbe. Hier gibt es zwei ganz einfache Sprüche, die sich jeder schnell merken kann: Romantisches Abendrot – Schönwetterbot. Morgenrot – Schlechtwetter droht.

Ein aufschlussreiches Bild über die Wetterentwicklung gibt die Wolkenformation. Einzelne, weit auseinandergezogene Zirrus- oder Federwolken weisen auf schönes Wetter hin. Falls sich diese jedoch verdichten und der Luftdruck fällt, ist mit Niederschlag zu rechnen. Achtung bei den sogenannten Ambosswolken (Cumunolimbuswolken): Hier ist mit einem schweren Unwetter zu rechnen. Luftdruck, Tierwelt und sogar Pflanzen wie die Königskerze sind weitere Indizien für eine Wetterprognose. Doch eine genauere Ausführung führt an dieser Stelle zu weit. Trotz aller Vorsicht ist keiner davor gefeit, vom Gewitter überrascht zu werden. Wer zwischen Blitz und Donner nicht mehr langsam bis zehn zählen kann, sollte sich schleunigst in Sicherheit bringen. Ein Blitz schlägt meist in die höchste Erhebung, zum Beispiel einen Baum, ein. Hier kann die Spannung auf den Menschen überspringen. Zudem bergen herabfallende

Äste ein großes Verletzungsrisiko. Dementsprechend gilt bei Gewitter der Spruch: „(Nicht nur) vor Eichen sollst du weichen."
Als Wanderer sollte man auf jeden Fall das freie Feld verlassen, um nicht selbst die höchste Erhebung zu sein. Wer keine Chance mehr hat, Schutz zu suchen, hockt sich mit nah zueinanderstehenden Füßen – wobei jeder einzelne Wanderer gebührend Abstand zum Nächsten halten muss – auf den Boden. So gibt man eine möglichst kleine Angriffsfläche ab. Alle leitenden Gegenstände, wie zum Beispiel Wanderstöcke, werden dabei möglichst weit weg von Mensch und Tier platziert.

Die richtige Ausrüstung für den Menschen

Die richtige Ausstattung ist die halbe Miete. Wenn's über's Wasser geht, ist eine Wasserweste auch für den Hund gut.

„Am besten ist, wenn sich der Wanderer nach dem Mehrschichtensystem anzieht", erklärt Petra Thaller, Chefredakteurin und Herausgeberin der Mountains4U, dem interaktiven Tablet-Magazin für Bergsport- und Outdoor. „Das heißt, er trägt aufeinander abgestimmte Bekleidungsschichten aus Funktionswäsche, Wanderbekleidung, Wärmeschutz und Regenschutz. So wird es einem nie zu heiß oder zu kalt. Doch das Allerwichtigste beim Wandern sind gut eingelaufene, nicht zu kleine Wanderschuhe mit robuster Profilsohle." Wobei es laut der Outdoorspezialistin reine Geschmackssache ist, ob sich der Wanderer für leichte Trekkingschuhe oder robustere Wanderstiefel entscheidet. Nur solle er unbedingt auch auf funktionelle Socken achten, sonst sei die erste Blase bald vorprogrammiert. Und wer Knieprobleme hat, dem helfen ein paar praktische Teleskopwanderstöcke den Abhang hinab.
Für Tageswanderungen reicht ein guter Rucksack von 20–35 Liter Volumen. Richtig gepackt, ist er beim Tragen kaum mehr zu spüren und schont zudem den Rücken. Dafür sollte der Schwerpunkt relativ hoch, dicht am Körper und möglichst in

Schulterhöhe liegen – so zieht der Rucksack beim Tragen nicht nach hinten. Während kleine Utensilien in das Deckenfach kommen, ist das Hauptfach für Bekleidung und Proviant vorgesehen. Die Last wird vom Hüftgurt und nicht von den Schultergurten getragen. Letztere also nicht zu stramm ziehen.

In den Rucksack gehören auf jeden Fall 1–2 Liter Wasser, Proviant wie Müsliriegel, Traubenzucker und (Trocken-)Obst sowie eine Wanderkarte. Standard sollten zudem ein Erste-Hilfe-Set mit Rettungsdecke, Taschentüchern und Sonnenschutz sein. Bewährt haben sich als Zusatzgepäck zudem ein paar Ersatzsocken, Ersatzschnürsenkel, ein Multifunktionsmesser sowie eine Stirnlampe. Mittlerweile geht kaum jemand mehr ohne Mobiltelefon aus dem Haus. Damit es auch unterwegs zuverlässig funktioniert gibt es kleine, leichte Zusatzakkus, die den Handybetrieb nochmals um einiges verlängern. Fotofreunde packen zudem ihre Kamera ein. Pilz-, Kräuter- und Beerensammler haben eine Extra-Tasche für ihre Fundstücke im Gepäck.

Das braucht der Hund unterwegs

Während die klassische Leine durchaus im Flachland wandertauglich ist, sollte der Hund bei anspruchsvolleren Touren ein Brustgeschirr tragen. Als Verbindung zum Menschen ist dann entweder eine Flexileine oder eine spezielle Gummileine zu empfehlen. So schleift nichts auf dem Boden herum. Wer mit Wanderstöcken läuft, bindet sich zudem einen Hüftgurt für die Leine um oder befestigt diese per Karabinerhaken – mit entsprechender Notauslösung – am Gürtel. Ins Hundegepäck gehören ein faltbarer Napf sowie eine kleine Notfallapotheke, die neben den Standards für den Menschen zudem Watte, eine Zeckenzange sowie eine Maulschlinge enthält. Auch wenn man sich in der Natur befindet, sollte der Hundekot zum Beispiel auf Weidewiesen und überall da, wo sich Mensch oder Tier ernähren, hinstellen oder hinsetzen könnten, eingesammelt werden. Man mache sich dabei bewusst, dass, sofern der Kot auf den Wiesen liegen bleibt und von Kühen versehentlich verspeist wird, indirekt wieder in unserer Nahrungskette – zum Beispiel als Milch – auf dem Tisch landet. Abgesehen davon wird vermutet, dass Hundekot im Viehfutter (Gras/Heu) für Kälbersterben verantwortlich ist. Eine gut verschlossene Plastikbox bringt die befüllte Hundetüte sicher zum nächsten Abfallbehälter.

Im Gegensatz zum Menschen braucht der Vierbeiner unterwegs keine große Mahlzeit. Wasser, etwas Obst, Leckerlies o.ä. tun es auch. Gefressen wird entweder rechtzeitig – also mindestens 1,5 Stunden – vor der Wanderung sowie danach aufgrund des

Im Mahrzahner Fenn, einem der vielen Naturschutzgebiete Brandenburgs

erhöhten Energiebedarfs. Wer zwei leichte Mikrofaserhandtücher im Gepäck hat, kann einen nassen Hund vor dem Betreten des Gasthauses abtrocknen. Das zweite Tuch dient als Liegefläche für kalte Böden.
Zu guter Letzt sollte der Hund auch eine zuverlässige Grunderziehung mitbringen. Befehle wie „Sitz",„-Platz",„Stopp" und „Bleib" sind Voraussetzung für ein entspanntes Wandern. Auch wenn man sich allein in der Natur befindet – spätestens im Gasthaus trifft man auf Menschen und eventuell andere Vierbeiner: Dementsprechend ist die Sozialverträglichkeit des Vierbeiners äußerst hilfreich für Wanderungen.

Verantwortung für den Hund, die Natur und Mitmenschen

Als Mensch und Wanderer müssen wir für unseren vierbeinigen Begleiter mitdenken. Zwar ist der Hund mit natürlichem Allrad ausgestattet und sucht sich intuitiv immer den besten Weg, dem auch wir Menschen folgen können. Doch man bedenke bei langen oder auch Mehrtagestouren, dass der Hund normalerweise 17 bis 20 Stunden Ruhe am Tag benötigt. Dementsprechend also zwischendrin Pausen einplanen.
Steile Wege sind für Hunde in der Regel kein Problem. Schwierigkeiten könnten sie aber an Gitterrosten

oder Brücken haben. Gerade ängstliche Tiere sollten auf solche Hindernisse langsam vorbereitet werden. Was der Mensch aufgrund der Wanderschuhe kaum merkt, ist für den Hund eine Tortur: scharfe, spitzkantige Steine und Dornen. Am besten die Ballen regelmäßig prüfen und bei Bedarf mit Melkfett o.ä. einreiben oder Pfotenschuhe tragen lassen. Sollte man sich während der Wanderung verlaufen, auf jeden Fall zur letzten bekannten Wegmarkierung zurückkehren oder auf breiten Forstwegen wandern.

Ein besonders heikles Thema ist die Kombination Hund und Kuh. Gerade im Frühjahr reagieren Mutterkühe empfindlich auf unsere Vierbeiner. Ganz besonders schlimm ist es, wenn Hunde auch noch bellen oder eventuell hektisch herumlaufen. Deshalb gilt in der Regel das Anleingebot. Eine angriffslustige Kuh erkennt man übrigens am Schnauben, dann senkt sie den Kopf und prescht los. Neben Kühen gilt es unterwegs auch auf Wild zu achten! Denn auch der bravste Hund findet ein davonlaufendes Reh interessant. Man bedenke dabei: Ein wildernder Hund darf von Jägern erschossen werden!

Auch in Brandenburg wird man auf unseren Touren in Gefilde kommen, die fast menschenleer sind, wild, ursprünglich. Zudem: Wer auf dem Land ist, der begegnet definitiv anderen Tieren in den Dörfern, die oftmals Ausgangspunkt der Touren sind: Katzen, Ziegen, Schafen und Hühnern oder Gänsen, die auf den Höfen gehalten werden. Das ist die Realität des Landlebens auch in unmittelbarere Nähe zur Hauptstadt – also liebe Metropolitaner: nicht wundern!

Wer sich gerne in der Natur bewegt, dem liegt das Thema Naturschutz sicher auch am Herzen. Dementsprechend wandert der rücksichtsvolle Mensch in Naturschutzgebieten auf den markierten Wegen. So werden keine Anpflanzungen zerstört oder Bodenbrüter aufgeschreckt. Seltene Pflanzen dürfen zwar bestaunt, aber nicht abgepflückt werden. Und natürlich wird der eigene Müll mitgenommen und in der Zivilisation entsorgt. Und: In ganz Brandenburg gilt offiziell das Anleingebot. Wer den Hund frei laufen lässt, handelt auf eigene Gefahr, auch wenn in der Regel wohl nichts passieren wird. Für unsere Fotos haben wir die Hunde ab und an abgeleint – rein zu fotografischen Zwecken. Das Abbilden der freilaufenden Hunde ist kein Verweis darauf, dass an bestimmten Stellen kein Anleingebot gilt.

Jetzt aber: Ran da, also: Raus da! Viel Spaß beim Wandern, der Ruhe im Wald, frischer Luft, Ausgeglichenheit. Weidmannsheil.

Goldener Herbst in Brandenburg

Norden

TOUR 1

Norddeutschlands größter Klarwassersee – eines der ältesten Naturschutzgebiete – skurril: das AKW Rheinsberg

Der Große Stechlinsee und ein wilder Hahn

Hundefreundlichkeit: Wunderbar: Ein riesiger Klarwassersee und feucht-klare Luft. Aber: Im Sommer ist diese Tour nicht zu empfehlen – zu viele Tagesbesucher sind dann unterwegs, an den Badestellen sind Kinder zu Gange, nicht die idealsten Umstände für einen Hundespaziergang. Deshalb: In der Nebensaison diese Tour ausprobieren, dann hat man kaum Stressmomente.

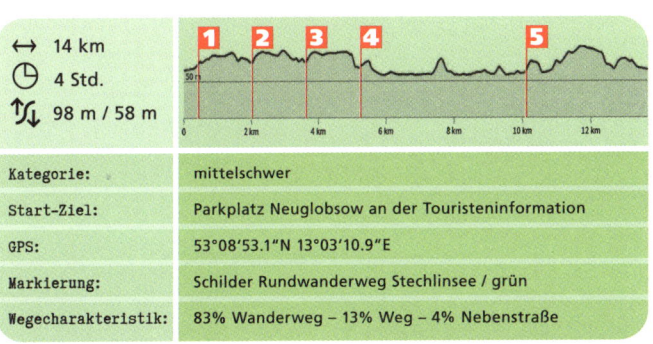

↔ 14 km
🕒 4 Std.
⇕ 98 m / 58 m

Kategorie:	mittelschwer
Start-Ziel:	Parkplatz Neuglobsow an der Touristeninformation
GPS:	53°08'53.1"N 13°03'10.9"E
Markierung:	Schilder Rundwanderweg Stechlinsee / grün
Wegecharakteristik:	83% Wanderweg – 13% Weg – 4% Nebenstraße

Ausgangspunkt der Wanderung ist die Touristeninformation in Neuglobsow, wo sich auch ein großer Parkplatz befindet. Die Hauptstraße des Ortes gehen wir Richtung See zur **1** Badestelle (ist ausgeschildert, den See kann man nicht verfehlen). Der Stechlinsee-Rundweg startet hier in beide Richtungen – wir gehen im Uhrzeigersinn Richtung **2** Fischerhaus Stechlin, wo das Leibniz-Institut für Gewässerökologie und Binnenfischerei seinen Sitz hat – und vor einigen Jahren eine kleine Weltsensation nachgewiesen hat, als das Institut eine eigene Maränen-Art im Stechlinsee fand. Diese ist mit 9 bis 12,5 cm Länge wesentlich kleiner als die bis zu 30 cm lange normale Kleine Maräne und trägt passenderweise den Namen Fontane-Maräne. Das Institut lassen wir rechts liegen und folgen dem rot markierten Rundwanderweg, überqueren eine **3** Brücke, die über den Polzowkanal führt, und gehen kurz darauf entweder den Uferweg rechts entlang oder geradeaus weiter auf dem Rundweg (rote Markierung). Links erscheint dann **4** das ehemalige AKW Rheinsberg.

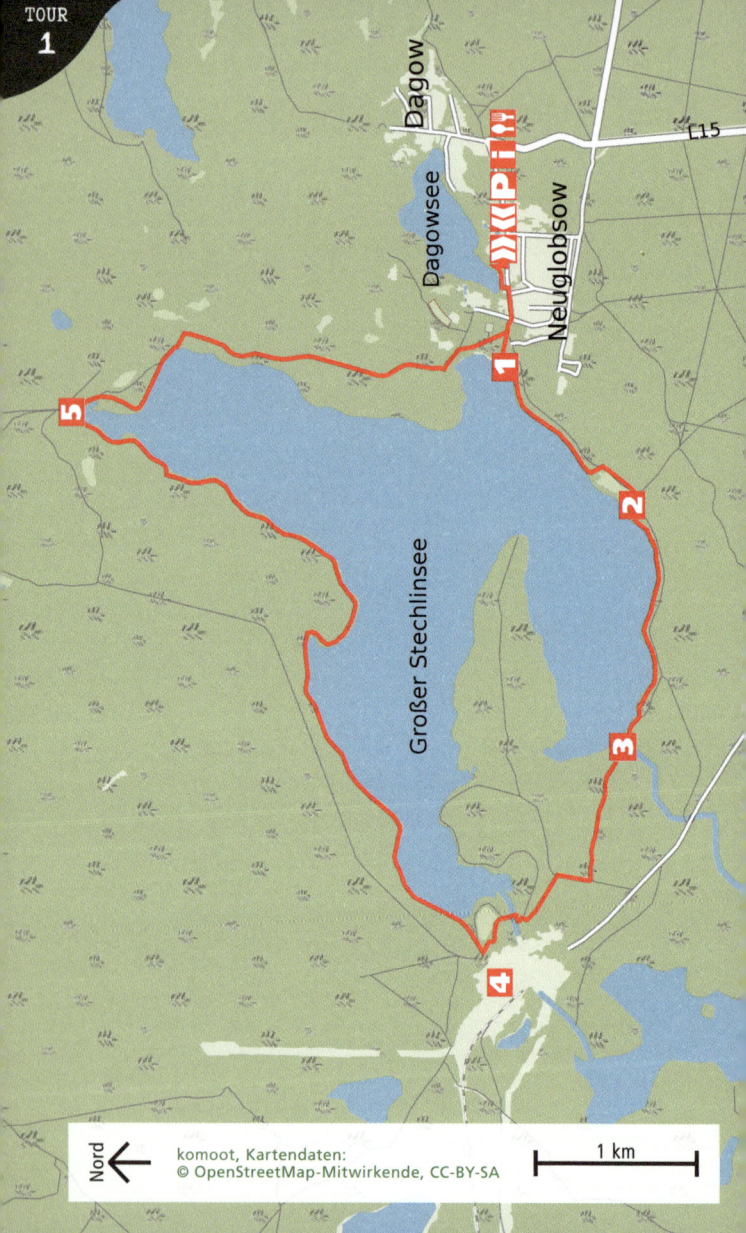

Otto will lieber knabbern als wandern

Es geht weiter entlang des Ufers vom Großen Stechlin (grüne Markierung). Hier bieten sich immer wieder schöne Plätzchen zum Ausruhen, Stöckchen ins Wasser werfen, eins Sein mit der Natur. Und wenn wir dann Pause machen und sitzen, ist vielleicht wieder Zeit für eine kurze Waldrezitation für Zwei- und Vierbeiner. Ta tahhh: Passend zum Ort reichen wir Theodor Fontanes Noti-

Das AKW Rheinsberg

Das AKW war das erste wirtschaftlich genutzte in der DDR. 1966 errichtet lief der Reaktor bis 1990. Seit 1995 wird das Kraftwerk rückgebaut. Gefahr der Verstrahlung besteht nicht – so sagt es jedenfalls das mit dem Rückbau befasste Unternehmen. Wer will kann zumindest einmal einen Abstecher zum Eingang des AKW machen. Die Tore zum Gelände sind mit dem Atomzeichen und Friedenstauben noch aus DDR-Zeiten verziert.

Blick auf den Großen Stechlin

zen zum „sagenumwobenen Stechlin" aus den „Wanderungen durch die Mark Brandenburg", also gleicher Ort, 150 Jahre zurück. Siehe Infokasten rechte Seite.

Die Sagenfigur des Roten Hahns, die Fontane hier beschreibt, tauchte in der volkstümlichen Literatur der vergangenen Jahrhunderte immer wieder auf – heute ist der rote Hahn sogar Wahrzeichen des Ortes Neuglobsow. Sofern Sie der zornige rote Hahn vom Großen Stechlin nicht auch heimsucht, geht es weiter auf dem Rundweg bis zur 5 Nordspitze des Sees, um dann am östlichen Ufer (blaue Markierung) zurück nach Neuglobsow zu kommen. Und nach dieser Tour haben Sie sich definitiv noch abschließend eine Pause in einer der Gaststätten im Ort verdient.

Info	
🚌	RE 4350 bis Gransee, dann Bus 836 bis Neuglobsow
🅿	Parkplatz an der Touristeninfo
🗺	Kompass Wander- und Radkarte Rheinsberger Seengebiet, Ruppiner Land (Nr.743)
🍽	Restaurant „Luisenhof" Stechlinseestraße 8 16775 Stechlin OT Neuglobsow Tel.: 033082-67827 www.luisenhof-stechlin.de Zimmer ab 59 Euro (guter Standard, auch Ferienwohnungen)
ℹ	Touristinformation Stechlin (im Stechlinsee-Center) Stechlinseestr. 17 16775 Stechlin OT Neuglobsow Tel.: 033082-70202 www.stechlin.de
✚	TA Martin Rauch Berliner Chaussee 19 16831 Rheinsberg Tel.: 033931-2154

Der sagenumwobene Stechlin

„So ging das Geplauder, als plötzlich, zwischen den Stämmen hin, eine weite Wasserfläche sichtbar wurde, darauf hell und blendend fast die späte Nachmittagssonne flimmerte. »Das ist der Stechlin« hieß es. Und im nächsten Augenblicke sprangen wir ab und schritten auf ihn zu.

Da lag er vor uns, der buchtenreiche See, geheimnisvoll, einem Stummen gleich, den es zu sprechen drängt. Aber die ungelöste Zunge weigert ihm den Dienst, und was er sagen will, bleibt ungesagt.

Und nun setzten wir uns an den Rand eines Vorsprunges und horchten auf die Stille. Die blieb, wie sie war: kein Boot, kein Vogel; auch kein Gewölk. Nur Grün und Blau und Sonne.

»Wie still er da liegt, der Stechlin«, hob unser Führer und Gastfreund an, »aber die Leute hier herum wissen von ihm zu erzählen. Er ist einer von den Vornehmen, die große Beziehungen unterhalten. Als das Lissaboner Erdbeben war, waren hier Strudel und Trichter und stäubende Wasserhosen tanzten zwischen den Ufern hin. Er geht 400 Fuß tief und an mehr als einer Stelle findet das Senkblei keinen Grund. Und Launen hat er und man muß ihn ausstudieren wie eine Frau. Dies kann er leiden und jenes nicht, und mitunter liegt das, was ihm schmeichelt, und das, was ihn ärgert, keine handbreit auseinander. Die Fischer, selbstverständlich, kennen ihn am besten. Hier dürfen sie das Netz ziehen und an seiner Oberfläche bleibt alles klar und heiter, aber zehn Schritte weiter will er es nicht haben, aus bloßem Eigensinn, und sein Antlitz runzelt und verdunkelt sich und ein Murren klingt herauf. Dann ist es Zeit, ihn zu meiden und das Ufer aufzusuchen. Ist aber ein Waghals im Boot, der es ertrotzen will, so gibt es ein Unglück, und der Hahn steigt herauf, rot und zornig, der Hahn, der unten auf dem Grunde des Stechlin sitzt, und schlägt den See mit seinen Flügeln, bis er schäumt und wogt, und greift das Boot an und kreischt und kräht, daß es die ganze Menzer Forst durchhallt von Dagow bis Roofen und bis Alt-Globsow hin."

(Theodor Fontane, Wanderungen durch die Mark Brandenburg)

Buchenwälder und ein Klarwassersee – ein mystisch-schauriger Moorerlebnispfad

Rund um den Roofensee

Hundefreundlichkeit: Der kleinere Rundweg führt entlang des Ufers, nur an einer Stelle überquert man über Pfade eine Feuchtwiese, die Schleusenwiese. Ansonsten hat man fast durchgehend Zugang zum Wasser. An der Nordseite vom See gibt es einen kleinen Campingplatz, hier kann es schon mal turbulenter werden, ebenso wie im Hochsommer an der öffentlichen Badestelle an der Südspitze. Bei der größeren Rundwanderung, dem Moorerlebnispfad, warten wirklich beeindruckende Landschaften, doch Moore sind für Hunde natürlich keine Spielwiesen.

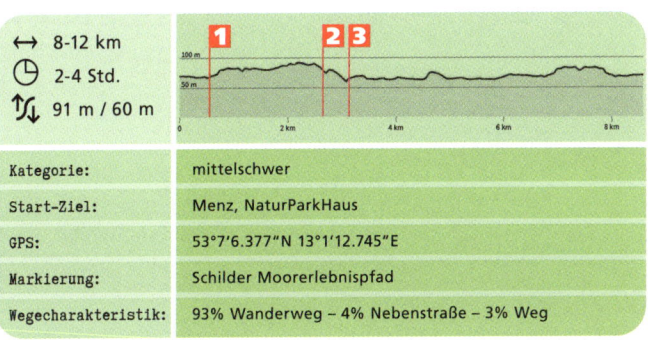

↔ 8-12 km
⏱ 2-4 Std.
↕ 91 m / 60 m

Kategorie:	mittelschwer
Start-Ziel:	Menz, NaturParkHaus
GPS:	53°7'6.377"N 13°1'12.745"E
Markierung:	Schilder Moorerlebnispfad
Wegecharakteristik:	93% Wanderweg – 4% Nebenstraße – 3% Weg

Je nach Lust, Zeit und Kondition kann man vor Ort für den kleinen oder großen Rundwanderweg entscheiden. Startpunkt ist für beide das NaturParkHaus in Menz, von dort geht's weiter direkt zum **1** See.
Wir wandern im Uhrzeigersinn immer am Ufer entlang bis zum **2** Erlenbruch. Hier zeigt sich die unmittelbare Verlandungszone des Roofensees. Wir wandern weiter am Rande der **3** Schleusenwiese und kommen zum Nordufer des Sees, das wir bis zurück nach Menz ablaufen. Zwischendurch bieten sich immer wieder schöne Blicke auf den See, Orte für Pausen gibt es genügend. So kann auch der relativ kurze Rundweg von 6 km zur Tagestour werden, insbesondere, wenn man bei wärmerem Wetter auch nochmal schwimmen geht.

Der große Rundwanderweg, der Moorerlebnispfad, erweitert die Tour auf fast das Doppelte (12 km). Am Erlenbruch folgt man der Ausschilderung zum Großen Barschsee, einem

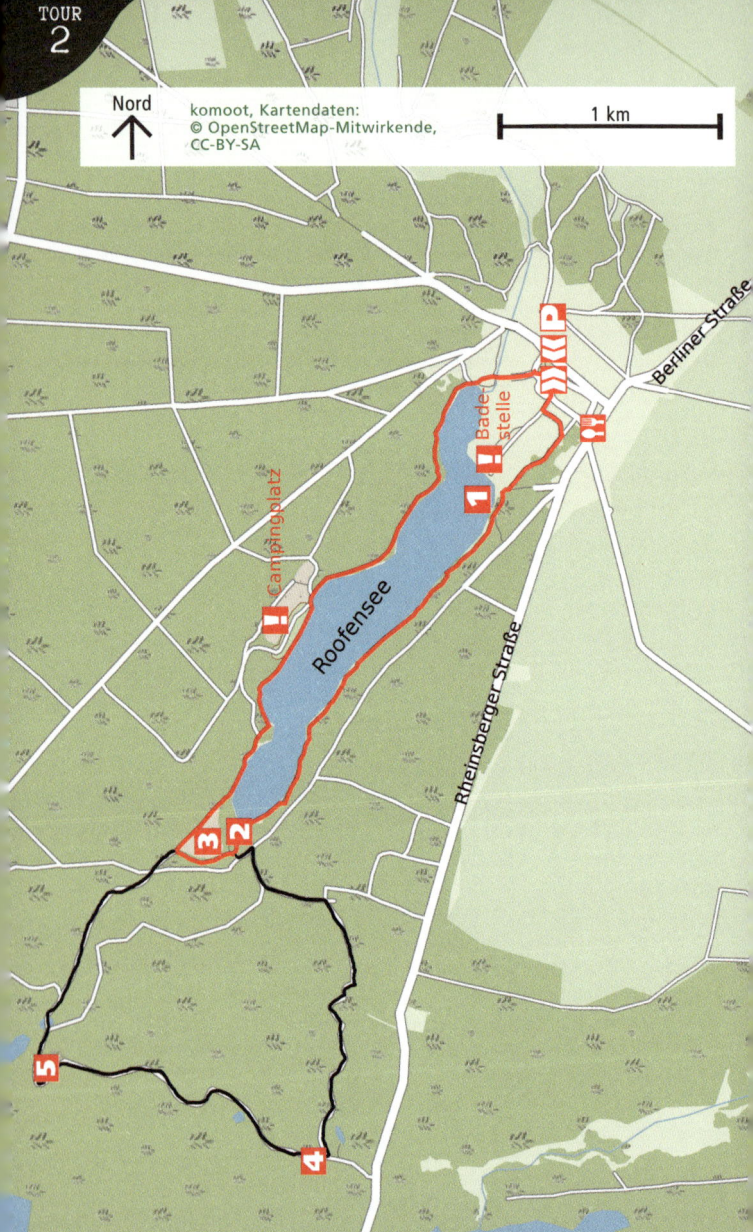

Der Knabe im Moor

O, schaurig ist's, übers Moor zu gehn,
Wenn es wimmelt vom Haiderauche,
Sich wie Phantome die Dünste drehn
Und die Ranke häkelt am Strauche,

Unter jedem Tritte ein Quellchen springt,
Wenn aus der Spalte es zischt und singt –
O, schaurig ist's, übers Moor zu gehn,
Wenn das Röhricht knistert im Hauche!
Fest hält die Fibel das zitternde Kind

Und rennt, als ob man es jage;
Hohl über die Fläche sauset der Wind –
Was raschelt drüben am Hage?
Das ist der gespenstige Gräberknecht,
Der dem Meister die besten Torfe verzecht;

Hu, hu, es bricht wie ein irres Rind!
Hinducket das Knäblein zage.
Vom Ufer starret Gestumpf hervor,
Unheimlich nicket die Föhre,
Der Knabe rennt, gespannt das Ohr,

Durch Riesenhalme wie Speere;
Und wie es rieselt und knittert darin!
Das ist die unselige Spinnerin,
Das ist die gebannte Spinnlenor',
Die den Haspel dreht im Geröhre!

Voran, voran, nur immer im Lauf,
Voran, als woll' es ihn holen;
Vor seinem Fuße brodelt es auf,
Es pfeift ihm unter den Sohlen
Wie eine gespenstige Melodei;

Das ist der Geigenmann ungetreu,
Das ist der diebische Fiedler Knauf,
Der den Hochzeitheller gestohlen!
Da birst das Moor, ein Seufzer geht
Hervor aus der klaffenden Höhle;

Weh, weh, da ruft die verdammte Margret:
„Ho, ho, meine arme Seele!"
Der Knabe springt wie ein wundes Reh,
Wär' nicht Schutzengel in seiner Näh',
Seine bleichenden Knöchelchen fände spät
Ein Gräber im Moorgeschwehle.

Da mählich gründet der Boden sich,
Und drüben, neben der Weide,
Die Lampe flimmert so heimathlich,
Der Knabe steht an der Scheide.
Tief athmet er auf, zum Moor zurück
Noch immer wirft er den scheuen Blick:
Ja, im Geröhre war's fürchterlich,
O, schaurig war's in der Haide!

(Annette von Droste-Hülshoff, Entstehungsdatum 1841/42)

Plakette des Moorerlebnispfads

Blick auf den Roofensee

Melanie Knies und Simone Laube sorgen für eine unterhaltsame Wanderpartie. Die beiden sind Co-Autorinnen des Bestsellers „Das Klugscheisser-Hundebuch".

Kesselmoor, **4** biegt vorher ab und geht weiter bis zum **5** Moorkessel an Dietrichs Teerofen, der nördlichsten Station. Danach führt der Weg rechts vom Polzowkanal zurück zum **2** Erlenbruch. Der Rest der Wanderung ist dann exakt wie bei dem kleinen Rundwanderweg – entlang des Ufers im Uhrzeigersinn. Der Moorerlebnispfad zeigt auf kleinem Raum gleich mehrere Arten von Mooren, von der Feuchtwiese bis zum Kesselmoor. Moore sind mystische Orte, manchen sogar unheimlich – ideal fürs wohlige Schauern, so empfand's auch schon Annette von Droste-Hülshoff, die das bekannte Gedicht „Der Knabe im Moor" zu Papier brachte (siehe vorherige Seite) – ideal für eine kleine Rezitation bei einer Pause am Kesselmoor. Vierbeiner, so sagt man, würden ab und an – bei ausreichend inbrünstigem Vortragen - zu diesem Gedicht heulen wie die Wölfe…

Info

🚉	RE 4350 bis Gransee, dann Bus 836 Richtung Neuglobsow nach Menz
🅿	Vor dem NaturParkHaus ist ein kleiner Parkplatz
🗺	Kompass Wander- und Radkarte Rheinsberger Seengebiet, Ruppiner Land (Nr.743)
🍴	Künstlerhof Roofensee (Hofcafé) Berliner Straße 9 16775 Stechlin OT Menz Tel.: 033082-40250 www.kuenstlerhof-roofensee.de März bis Oktober, Fr.-So. 12-18 Uhr Zimmer: ab 80 Euro (schönes Ambiente, Pferdekoppel hinterm Haus)
ℹ	Touristinformation Stechlin (im Stechlinsee-Center) Stechlinseestr. 17 16775 Stechlin OT Neuglobsow Tel.: 033082-70202 Mail: info@stechlin.de www.stechlin.de
✚	TA Martin Rauch Berliner Chaussee 19 16831 Rheinsberg Tel.: 033931-2154

TOUR 3

Schloss Rheinsberg – der Grienericksee und der Schlossgarten mit spielerischen Anlagen – einer der wenigen ausgedehnten Buchenwälder in Brandenburg

Rheinsberg und der Poetensteig

Hundefreundlichkeit: Rheinsberg ist eine zauberhafte Kleinstadt mit großer Ausstrahlung und einem Schloss, an dem Friedrich der Große eine zeitlang residierte – und der war ja schließlich ein großer Hundefreund. Deshalb darf man sich am Schloss und im Schlossgarten keinesfalls deplatziert finden – wenn auch so ein barocker Lustgarten wohl keine Spielwiese ist. Der Barockgarten geht langsam über in den Wald über – hier wird es ruhig außerhalb der Hauptsaison, in der man mit Hund eher nicht hinfährt.

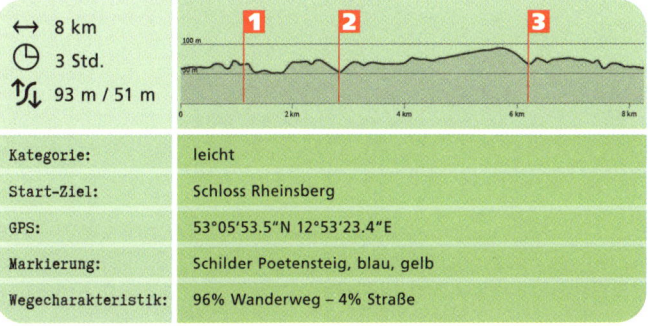

↔ 8 km
⏱ 3 Std.
↕ 93 m / 51 m

Kategorie:	leicht
Start-Ziel:	Schloss Rheinsberg
GPS:	53°05′53.5″N 12°53′23.4″E
Markierung:	Schilder Poetensteig, blau, gelb
Wegecharakteristik:	96% Wanderweg – 4% Straße

Das Stadtgebiet von Rheinsberg ist zum überwiegenden Teil Bestandteil des Naturparks Stechlin-Ruppiner Land, der durch seine Buchenwälder und Klarwasserseen besticht – und in Rheinsberg durch Schloss und Schlosspark. Hier ist der Ausgangspunkt unserer Tour.

Wir starten am Schloss, gehen in den Schlossgarten vorbei an allerlei Grotten, Pavillons und barocker Gartenkunst. Hier gilt strikte Anleinpflicht für Hunde. Der Schlossgarten ist wirklich zauberhaft und geht langsam über in die umliegende Landschaft. Wir laufen zum 1 Obelisken, den Prinz Heinrich für die Generäle des Siebenjährigen Kriegs (1756–1763) bauen ließ, an dessen Ende Preußen in Europa als Großmacht dastand. Vom Obelisken aus hat man einen guten Blick über den Grienericksee auf das Schloss, den man wirklich ein wenig auf sich wirken lassen muss.

Anschließend geht's über den Poetensteig, den angeblich schon Theo-

dor Fontane, Kurt Tucholsky und andere Schriftsteller abschritten, um sich inspirieren zu lassen. Die Hunde interessiert mehr, dass der Weg unmittelbar am westlichen Ufer des Grienericksees entlangführt und ihre Nasen von frischer Seeluft und Waldüften inspiriert werden.

Wir wandern bis zum 2 Forsthaus Boberow am nördlichen Grienericksee, dann am Rheinsberger See ent-

Schloss Rheinsberg

Kurzer Rückblick: Der despotische Soldatenkönig Friedrich Wilhelm I. erwarb 1734 das Schloss für seinen Sohn, den Kronprinz Friedrich, der hier seinen Musen nachging. Mit der Dreiflügelanlage entwickelte sich der friderizianische Rokoko, der in Sanssouci seine beeindruckende Entfaltung fand. Der Schlossgarten spiegelt die Entwicklung der Gartenbaukunst vom barocken Lustgarten bis zum frühen Landschaftspark wider. Friedrich schenkte das Schloss 1744 seinem Bruder Heinrich, der nach seiner mehr oder weniger erzwungenen Hochzeit mit Wilhelmine von Hessen-Kassel 1752 eine eigene Hofhaltung gründen durfte. Interessierter war Heinrich an anderen Dingen: Musik, Kunst und jungen Männern. Künstler und Adlige aus dem In- und Ausland besuchten Rheinsberg, um hier zu musizieren, Theater zu spielen oder zu philosophieren. Der Ort wurde ein kulturelles Zentrum im Kleinformat. Nach dem Tod Heinrichs im Jahr 1802 wurde ein großer Teil der Inneneinrichtung verkauft. Das Schloss blieb bis 1945 im Besitz der königlichen Familie. Seit 1991 ist das Schloss ein Museum. Bekannt ist Rheinsberg auch durch Kurt Tucholskys 1912 veröffentlichtes Buch „Rheinsberg", einer Erzählung, die vom dreiätigen Ausflug zweier Verliebter, Claire und Wolfgang, handelt, die mit dem Zug ins ländliche Rheinsberg fahren, um ihrem monotonen Berliner Alltag zu entfliehen.

Otto auf dem Poetensteig - statt nach Poesie war ihm nach anderem zumute ...

lang nach Warenthin (grüne Markierung; idyllischer kleiner Ort, wenn man in den Ort gehen will: ! Achtung Autoverkehr).

Von Warenthin geht es weiter am Großen Linowsee vorbei auf der Buberowallee etwa 2 km Richtung 3 Arboretum am Böbereckensee.

Auf einem kleinen Rundweg kann man einheimische Bäume und Sträucher sowie einige Exoten kennen

Blick auf den Böbereckensee

Goldener Herbst am Böbereckensee

lernen – und feststellen, dass man als Großstädter in den meisten Fällen ziemlich aufgeschmissen ist. Die Hunde dürfen hier schnüffeln, aber nicht freilaufen. Am Böbereckensee läuft der Poetensteig entlang des Ostufers. Am Ende des Sees biegen wir links ab, dem Poetensteig folgend, und gehen durch ein Waldstück zurück zum Schlossgarten Rheinsberg – vorbei an den Grotten und Pavillons. Empfehlenswert ist auf jeden Fall noch ein wenig am stadtseitigen Ufer des Sees spazieren zu gehen und sich die Stadt Rheinsberg anzusehen. Rheinsberg ist eine der Städte, die in den letzten 20 Jahren enorm an Attraktivität gewonnen haben und eine beeindruckende positive Ausstrahlung besitzen. Die Gastronomie ist fast durchweg gut bis sehr gut - probieren Sie es aus. Neben unseren Tipps gibt es noch viel mehr kulinarisch zu entdecken.

Info

H	RE 18510 nach Löwenberg (Mark), dann RB 18425 nach Rheinsberg
P	In der Rheinsberger Innenstadt oder auf den Parkplätzen an der Fontanepromenade auf Höhe des Schlossparks
🗺	Kompass Wander- und Radkarte Rheinsberger Seengebiet, Ruppiner Land (Nr.743)
🍴	Restaurant & Café Tucholsky Kurt-Tucholsky-Straße 30a 16831 Rheinsberg Tel.: 033931-38619 www.tucholsky-cafe.de
🛏	Der Seehof Rheinsberg Seestraße 18 16831 Rheinsberg Tel.: 033931-4030 www.seehof-rheinsberg.de Zimmer ab 65 Euro (guter Standard)
i	Tourist-Information Rheinsberg Kavalierhaus / Markt 16831 Rheinsberg Tel.: 033931-2059
✚	Tierarztpraxis Müller + Müller Kirchstraße 16 16831 Rheinsberg Tel.: 033931-807030

Kleine Berge – tiefe Schluchten – ein wilder Bach – der Kalksee – weite Wälder

Ruppiner Schweiz – die Binenbachtal-Tour

Hundefreundlichkeit: Rund um die Boltenmühle, einem beliebten Ausflugslokal, ist viel los. Das Binenbachtal ist spektakulär, aber bei gutem Wetter auch schon mal überlaufen. Dann hilft nur, auf der rechten Seite des Tals zu laufen, wo die Wege zu schmalen Pfaden werden, was etliche Wanderer abhält. Ab dem Kalksee wird es dann ruhiger. Einsam wird es, sobald man Binenbach und Kalksee hinter sich lässt und tiefer in die Ruppiner Schweiz wandert, die allerdings an einigen Stellen Totalreservat ist.

↔ 7 km
⏲ 2 Std.
↕ 97 m / 42 m

Kategorie:	mittelschwer
Start-Ziel:	Parkplatz Restaurant Boltenmühle
GPS:	53°02'17.2"N 12°48'09.9"E
Markierung:	grün (Binenbachrundweg)
Wegecharakteristik:	94% Wanderweg – 6% Straße

Wir starten von der Boltenmühle in das Binenbachtal, das gut ausgeschildert ist. Die Wege sind hier breit und einladend. Am **1** Binenbach geht es bis zu 15 m tief in das kleine Tal – für Brandenburgische Verhältnisse ist das schon allerhand. Zumindest bietet sich das Tal wild und abenteuerlich dar. Ein Rundweg führt durch das Binental, deshalb gibt es auf beiden Seiten einen Weg. Die rechte Seite, zu der man über eine Brücke nach ca. 1 km gelangt, ist die ruhigere, weil dort der Weg zum schmalen Pfad wird – viele hält das ab, mit Hund haben wir deshalb gerade im Sommer bei gutem Wetter mehr Ruhe. Entlang des Binenbachs geht es zum **2** Kalksee.

Dort angekommen laufen wir nach links (rechts würde eine Badestelle kommen, die schon mal frequentierter sein kann. Der Weg führt am Ufer entlang, wenn es geregnet hat, kann es in diesem Abschnitt schon einmal etwas morastig werden. Nach rd.

Der Kalksee

1 km geht's aber wieder auf einem breiten Wanderweg am Westufer des Kalksees weiter. Man kann den Kalksee ganz umwandern, kommt dann aber durch ein Dorf mit Straßen. Wir biegen deshalb **3** am Nordzipfel des Sees nach links auf den Weg kurz vor der befahrenen Seestraße, der uns auf einen breiteren Wanderweg führt, den wir links weiterwandern (also weg von der befahrenen Straße). Nach ca. 2 km biegt der Weg im großen Bogen nach links ab und führt zurück zur Boltenmühle.

Wald-Weg-Art

Info

🅗	S 25 bis Hennigsdorf, dann RE bis Neuruppin Rheinsberger Tor, dann Bus 787 bis Gühlen-Glienicke
🅟	Parkplatz Restaurant Boltenmühle
🗺	Kompass Wander- und Radkarte Rheinsberger Seengebiet, Ruppiner Land (Nr.743)
🍴	Hotel und Restaurant Boltenmühle Im Wald 1 16818 Gühlen-Glienicke Tel.: 033929-70500 Mail: info@boltenmuehle.de www.boltenmuehle.de Zimmer ab 55 Euro (guter Standard)
ℹ	Tourismusverband Ruppiner Seenland e.V. Fischbänkenstraße 8 16816 Neuruppin Tel.: 03391-659630 www.ruppiner-reiseland.de
✚	Tierarztpraxis Kurt Sommerfeld Damaschkeweg 1 16831 Rheinsberg Tel.: 033931-809868

Zum Nationalen GeoPark Eiszeitland am Oderrand – Buchenwälder und Moore

Zurück in die Eiszeit und den Grumsiner Urwald

Hundefreundlichkeit: Insgesamt sehr ruhige Strecke mit wenigen Touristen – außerhalb der Hauptsaison. Am Ausgangspunkt rund um das Informationszentrum ist noch einiges los, später ist man fast alleine. Achtung: Es gibt Abschnitte an Mooren vorbei, die nicht betreten werden dürfen. Teile des Grumsiner Waldes sind komplett gesperrt, weil sie Naturreservat sind. In Sperlingsherberge werden auf den Grundstücken Hunde gehalten.

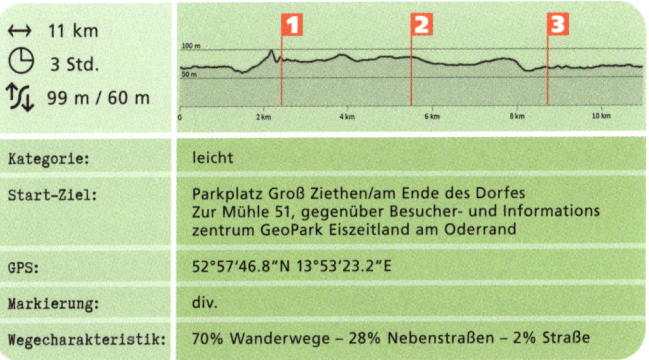

↔ 11 km
⏱ 3 Std.
↕ 99 m / 60 m

Kategorie:	leicht
Start-Ziel:	Parkplatz Groß Ziethen/am Ende des Dorfes Zur Mühle 51, gegenüber Besucher- und Informationszentrum GeoPark Eiszeitland am Oderrand
GPS:	52°57'46.8"N 13°53'23.2"E
Markierung:	div.
Wegecharakteristik:	70% Wanderwege – 28% Nebenstraßen – 2% Straße

Am Anfang wartet auf Sie Georg, das Mammut – das ist das Maskottchen des GeoParks Eiszeitland, der einem hier in der Gegend immer mal wieder auf Infotafeln begegnet. Alles bei dieser Tour hat was mit der Eiszeit zu tun – und man lernt viel über die Landschaftsgeschichte Brandenburgs. Die Landschaften sind schließlich keine Zufallsergebnisse, sondern alles lässt sich auf das Vordringen und Wegschmelzen der Gletscher vor zehntausenden Jahren zurückführen. Die Eiszeit hat Seen, Hügel und Findlinge zurückgelassen. An diesen Artefakten wie auch den Schichten in der Erde kann die Geo-Geschichte ganz genau nachvollzogen werden. Aber auch wer kein Mammut- und Eiszeitfan ist, wird die Landschaft und den Grumsiner Forst sehr genießen. Reine Buchenwälder gibt es nur noch wenige – deshalb der Schutzstatus dieses Forsts, einer Jungmoränenlandschaft, die vor rd. 20.000 Jahren geprägt worden ist. Vom Parkplatz laufen wir geradeaus weiter den markierten Weg, der auf die Sperlingsher-

TOUR 5

Nord ↑

komoot, Kartendaten:
© OpenStreetMap-Mitwirkende,
CC-BY-SA

1 km

2 Forsthaus Grumsin

Großer Dabersee

Großer Schwarzsee

1

Sperlingsherberge **3**

Schulzensee

Autos

P i
Besucherzentrum

Ziehten

Angermünder Chausee

> **Besucher- und Informationszentrum des Geopark**
>
> Zur Mühle 51
> 16247 Ziethen OT Groß-Ziethen
>
> www.eiszeitland-am-oderrand.de

berge (ein Weg) führt. An der ersten Gabelung nehmen wir den rechten Abzweig geradewegs in den in einer Vertiefung liegenden **1** Grumsiner Wald, in dem es ein wenig duster und geheimnisvoll zugeht. Wir folgen der gelben und roten Wegmarkierung bis zum Abzweig, wo es links nach Grumsin geht (rechts liegt ein Totalreservat, das nicht betreten werden darf). Dorthin geht unser Weg (gelbe Markierung) weiter bis wir zum **2** Forsthaus Grumsin kommen. Am Forsthaus den Wegweisern nach Groß Ziethen scharf links folgen. Nach ca. 4 km kommen wir an einem Areal mit dem seltsamen Namen **3** Blockpackung Sperlingsherberge vorbei. Dahinter verbirgt sich eine Art eiszeitliches Schaufenster: Es ist Fund- und Anschauungsstätte zur eiszeitlichen Gestaltung der Region; in der ehemaligen Steingrube sind die in den Endmoränen abgelagerten Gesteinsmassen durch den ehemaligen Steinabbau sichtbar, so dass eiszeitliche Hinterlassenschaften erfahrbar sind. Die Stelle ist als „Erlebnisort" konzipiert mit Findlingssonnenuhr, Reliefbogen, Steinschlägerplatz etc. Hier bietet sich nochmal eine Pause an, eh man an der kleinen Wohnsiedlung Sperlingsherberge (❗ Achtung: hier lauern einige Hunde auf den Grundstücken, die aber alle eingezäunt sind) vorbei zurück zum Parkplatz läuft. Hier bietet sich evtl. – falls Sie noch Kraft haben und aufnahmefähig sind – ein Besuch in der „Historischen Dampfmühle" an, die als Besucher- und Informationszentrum des Geoparks dient und die Ausstellung „Erfahrung Eiszeit" zeigt.

Der Grumsiner Forst ist Weltnaturerbe

Info	
🚉	RB bis Eberswalde, dann RB bis Alt Hüttendorf, dann Bus 920 bis Groß-Ziethen
🅿	Parkplatz Besucher- und Informationszentrum GeoPark Eiszeitland
🗺	Kompass Wanderkarte Schorfheide, Uckermark, Barnim (Karte 744)
🍴	Gaststätte zum Schwanenteich Zur Mühle 33 16247 Groß Ziethen Tel./Fax: 033364-208 www.zum-schwanenteich.de
ℹ	Geopark Eiszeitland am Oderrand Joachimsplatz 1-3 16247 Joachimsthal Tel: 033361-64638 www.eiszeitland-am-oderrand.de

TOUR 6

Sanfte Hügel – etliche Seen –
ein Ökodorf mit hundefreundlichem Hofladen

Auf nach Brodowin

Hundefreundlichkeit: Unmittelbar in Brodowin ist schon sehr viel los, aber wir entfernen uns schnell vom Ort und haben entlang unserer Wanderstrecke viel Ruhe. Zwischendurch führt ein Stück parallel zur Straße (ca. 2 km). Im Ökohof Brodowin lohnt eine Pause, hier sind Hunde willkommen, müssen aber angeleint werden.

↔ 14 km
🕓 4 Std.
↕ 128 m / 45 m

Kategorie:	mittelschwer
Start-Ziel:	An der Alten Mühle / Ecke Brodowiner Dorfstraße
GPS:	52°54'37.2"N 13°57'50.1"E
Markierung:	grün / blau
Wegecharakteristik:	81% Weg – 17% Wanderweg – 2% Straße

Die Tour startet kurz hinter dem Dorf. Wir gehen den kopfsteingepflasterten Weg „An der alten Mühle" entlang, der ❗ auch von Autos noch befahren werden darf. Rechte Hand sehen wir den Brodowinsee, an dem wir vorbeiwandern – immer geradeaus entlang der hügeligen Felder und Wiesen bis wir **1** nach ca. 3 km in den Wald hineinlaufen. Rechts lassen wir den Schwarzen See hinter uns, der ein ganzes Stück abseits vom Weg liegt. Wir orientieren uns Richtung Paddenpfuhl, Großer Lindsee, und kommen schließlich **2** zur Revierförsterei Breite Fenn, hinter der der Krebssee liegt.

An der Revierförsterei laufen wir links den Weg weiter. Nach 1 km kommt eine Weggabelung. Wir gehen links weiter Richtung Ochsenpfuhl. Entlang des Ochsenpfuhls führt uns der Weg schließlich hinab bis zum **3** Parsteiner See, wo wir auf eine Autostraße treffen. Hier vorsichtig sein. Es geht links weiter auf dem Wander- und Radweg, der parallel zur Autostraße liegt. Links sieht man bereits den **4** Dreschberg, um den herum es nun weitergeht. Kurz vor dem Pehlitzsee führt ein Weg links ab. Nach einigen hundert Metern wird es wieder sehr ruhig – keine Autos und Häuser mehr, man ist

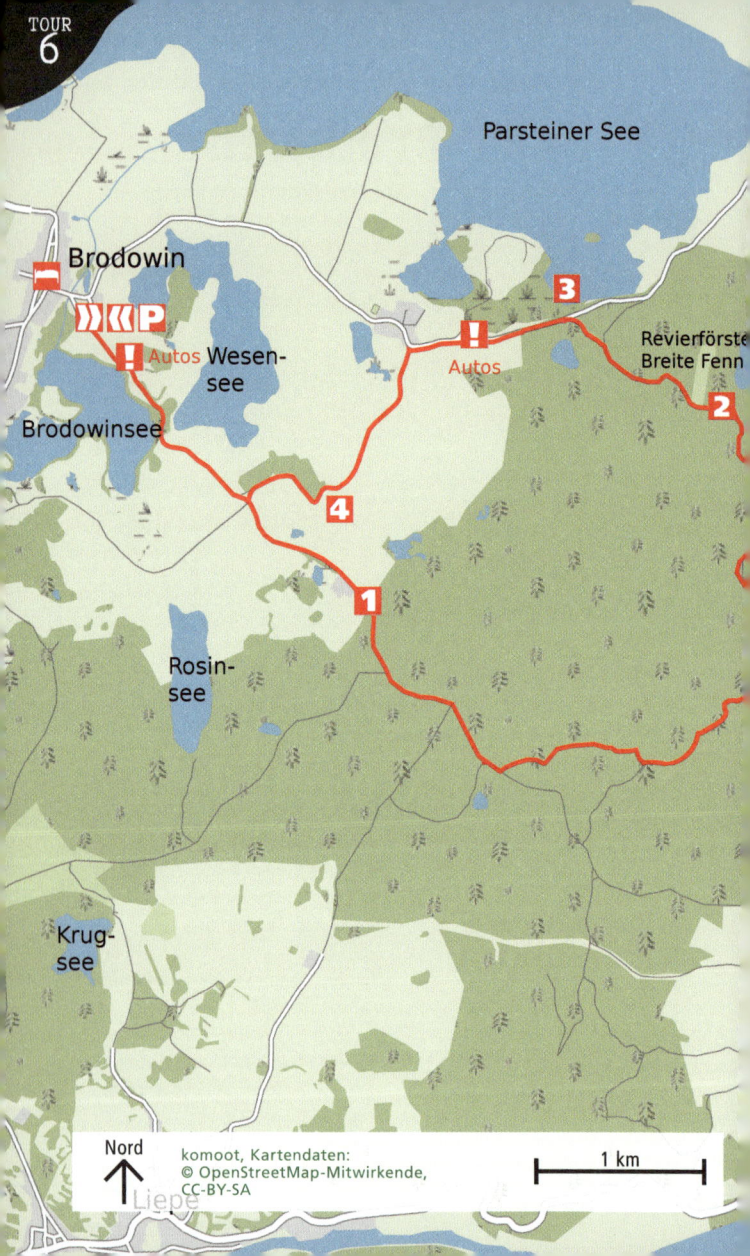

Zu Beginn der Tour – ungewohnt hügelig geht's bei Brodowin zu

wieder weitgehend für sich. Allerdings: Es geht deutlich bergauf, der Dreschberg ist der höchste Punkt dieser Tour, von dem aus man allerdings einen wunderbaren Ausblick genießen kann. Rechts kommt ein kleines Waldstück, an dem wir den Weg entlanglaufen bis wir wieder auf den Weg „An der alten Mühle" stoßen und zurück bis zum Ausgangspunkt gelangen.

Wanderwahnsinn. Otto ist aus dem Auto geflitzt und auf's Feld gerannt – und lässt sich nur ungerne abrufen. Die Leine wartet.

	Info
🚉	RE 18348 nach Chorin, dann Bus 912 Richtung Pehlitz bis Brodowin Dorf
🅿	Am Ausgangspunkt oder im Ort Brodowin
🗺	Kompass Wander- und Radkarte Schorfheide Uckermark Barnim (Nr.744)
🍴	Brodowiner Hofladen Dorfstraße 89 16230 Chorin, OT Brodowin Tel.: 033362-60022 www.brodowin.de
🛏	Gasthaus Schwarzer Adler Brodowin Brodowiner Dorfstr. 80 16230 Brodowin Tel.: 033362-71240 www.schwarzer-adler-brodowin.de DZ ab 55 Euro (einfacher Standard)
ℹ	Ökodorf Brodowin Weißensee 1 16230 Chorin OT Brodowin Tel.: 033362-70610 www.brodowin.de
✚	Tierarzt Harald Hänsch Joachimsthaler Str. 8 16247 Ziethen Tel.: 033364-417

TOUR
7

Kleine romantische Seen – Findlinge – uralte Baumbestände

Die Lindseen-Tour (Schorfheide)

Hundefreundlichkeit: Die Gegend ist touristisch verhältnismäßig gut erschlossen, die Wanderwege ausgeschildert – entsprechend sind hier bei gutem Wetter einige Leute unterwegs, aber es ist nie überfüllt und man erlebt die wunderschöne Natur in entspannter Atmosphäre.

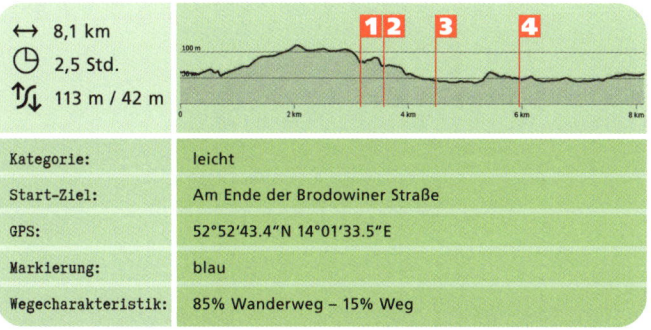

↔ 8,1 km
⏱ 2,5 Std.
↕ 113 m / 42 m

Kategorie:	leicht
Start-Ziel:	Am Ende der Brodowiner Straße
GPS:	52°52'43.4"N 14°01'33.5"E
Markierung:	blau
Wegecharakteristik:	85% Wanderweg – 15% Weg

Der blauen Wegmarkierung und den Schildern nach Chorin und Pehlitz folgend laufen wir nach Norden immer geradeaus. Nach rund 3,5 km gabelt sich der Weg und wir stoßen linker Hand auf den **1** Großen Lindsee, an dessen Südufer wir entlanglaufen, vorbei am **2** Kleinen Lindsee, bis wir auf den Wegweiser zum **3** Naturschutzgebiet Breitefenn stoßen und rechts abbiegen.

Das Naturschutzgebiet Breitefenn bietet urwaldartige Anblicke, alte Eichen, seltene Nadelhölzer und Magnolien. Hier wandern wir auf schmalen Pfaden und müssen dem einen oder anderen umgestürzten Baum ausweichen. Dieser Teil der Strecke ist eine echte Outdoorherausforderung – ihre Hunde werden es jedoch lieben. Der Weg führt uns schließlich zum **4** Großen Stein, der ausgeschildert und in den Wanderkarten verzeichnet und guter Orientierungspunkt ist.

Ab dem Stein folgen wir dem Weg entlang der Felder (links) und dem Wald (rechts). Das letzte Stück ist

Der Große Stein

Der Große Stein ist einer der größten Findlinge in Norddeutschland. Er sollte zu der Schale verarbeitet werden, die vor dem Alten Museum in Berlin steht. Man sprengte deshalb etwa 2/3 des Steins ab, die Bohrlöcher in die die Sprengladungen gefüllt wurden, sind noch zu sehen. Das Material erwies sich aber dann als zu weich und man benutzte den Großen Markgrafenstein aus den Rauener Bergen zur Herstellung der Schale. Ein Stück von 6 x 3 m ist aber immer noch übrig und ebenso imposant. Wer hier am Ende seiner Kräfte ist, kann einen kleinen Abstecher nach Oderberg-Neuendorf machen, wo das Ausflugslokal „Zum Großen Stein" ist und Gutbürgerliches bietet.

Urwald im Naturschutzgebiet Breitefenn

mit Kopfsteinpflastern ausgestattet – zum Laufen nicht der angenehmste Untergrund, aber unglaublich malerisch. Im Frühjahr mit der gelben Farbenpracht des Rapses kann man sich spielerisch nach Südfrankreich träumen.

Gedanklich ist man ganz fern... in der Provence Brandenburg

Info

🚉	RE von Berlin bis Eberswalde, dann Bus 916 bis Oderberg
🅿	Am Ende der Brodowiner Straße
🗺	Kompass Wanderkarte Schorfheide, Uckermark, Barnim (Nr. 744)
🍴	Restaurant Zum Großen Stein Neuendorf Nr. 1 16248 Oderberg Tel.: 033369-9721 www.zum-grossen-stein.de
🛏	Pension Engel & Teufel Teufelsberg 5 16248 Oderberg Tel.: 033369-744773 www.pension-engel-teufel.de Preise ab 60 Euro (guter Standard)
ℹ	Amt Britz-Chorin-Oderberg Eisenwerkstraße 11 16230 Britz Tel.: 03334-457637 Mail: amtsdirektor@amt-bco.de
✚	Tierarztpraxis am Wasserturm Altenhofer Straße 12 16227 Eberswalde Tel.: 03334-33167

Weite Wälder – 2 Seen – einfache Orientierung und Ruhe

Durch die Biesenthaler Oberheide

Hundefreundlichkeit: **Die Oberheide bei Biesenthal ist kaum bekannt, nur wenige Leute gehen hier wandern – ideal für Hundebesitzer. Am Ausgangspunkt sind noch Radfahrer unterwegs – wir entfernen uns aber bald von den Radwegen. Je nach Variante führt der Weg später ein Stück auf der Landstraße 293 am Fuchsberg/Vorwerk vorbei – hier passieren ab und an Autos, man kann dieses Stück aber auch umgehen.**

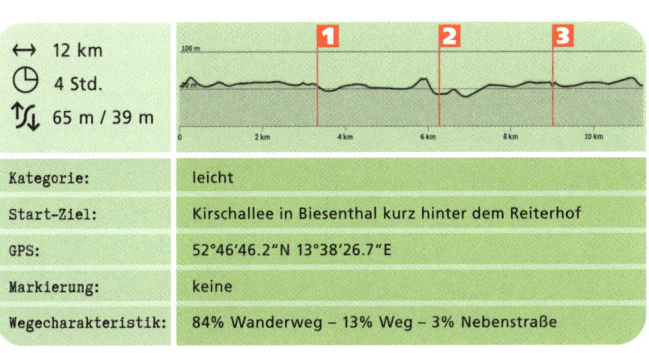

↔ 12 km
⏱ 4 Std.
↕ 65 m / 39 m

Kategorie:	leicht
Start-Ziel:	Kirschallee in Biesenthal kurz hinter dem Reiterhof
GPS:	52°46'46.2"N 13°38'26.7"E
Markierung:	keine
Wegecharakteristik:	84% Wanderweg – 13% Weg – 3% Nebenstraße

Die Oberheide ist sozusagen die nicht ganz so hübsch geratene große Schwester des benachbarten Finowtals und Pregnitzfließes. Dort geht es wild und verwunschen zu – aber leider ist das Finowtal fast schon ein touristischer Hotspot, auf den Wander- und Radwegen geht es im Sommer zu wie auf der Autobahn. Wir haben uns deshalb die Oberheide angesehen und ein ziemlich verlassenes, wenn auch landschaftlich nicht berauschendes Stück Wald gefunden. Die Schönheit liegt hier in der Ruhe. Und weil alle Wege katastermäßig angelegt worden sind, fällt die Orientierung besonders leicht, so dass man sich sorgenfrei einfach treiben lassen kann. Wir starten kurz nach dem ❗ Reiterhof und gehen die Straße geradeaus in den Wald hinein. Nach rd. 500 m kommt der asphaltierte Radweg, der Fernradweg Berlin-Usedom. Kurz vorher biegen wir rechts ab in die Oberheide. Es geht geradeaus bis zur nächsten Kreuzung. Dort links rein und rd. 1,2 km bis zum 1 Lehns-

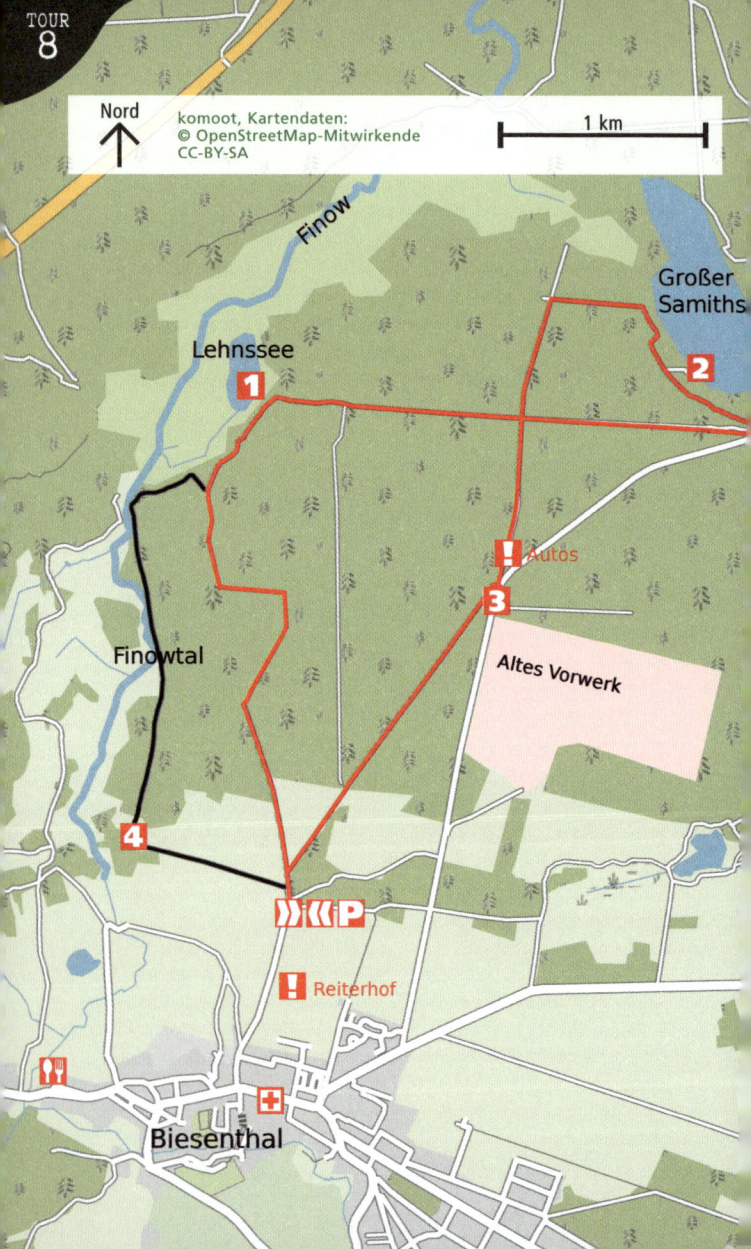

Blick auf den Großen Samithsee

see, der allerdings von einer breiten Verlandungszone und Schilfgürtel umgeben ist. Ans Wasser kommt man hier nicht, da müssen wir noch bis zum Großen Samithsee warten. Am Lehnssee laufen wir rechts und folgen dem Weg rd. 2 km. Am Ende stoßen wir auf die Landstraße 293. Kurz vorher führt ein Waldweg links ab, der am Ufer des **2** Großen Samithsees entlangführt. Das Ufer ist hier auch nicht überall zugänglich, aber ab und an gibt es Zugänge zum Wasser. Eine große Wasser-/Badestelle kommt nach 500 m. Betrieb war hier selbst bei bestem Sommerwetter nicht. Wir laufen den Weg am See immer geradeaus, folgen seiner Biegung nach links bis zur nächsten Kreuzung. Hier links und rd. 2,5 km dem Weg folgen, der auf die kaum befahrene L293 führt, vorbei am Fuchsberg und dem **3** eingezäunten alten Vorwerk. Am Haupteingang dazu, drehen wir rechts ab und laufen geradezu auf den Punkt zurück, von dem aus wir gestartet sind.

Variation: Statt rechts zum Großen Samithsee geht's am Lehnssee links bis zum Fernradweg Berlin-Usedom. Schräg gegenüber geht ein Wanderweg ab runter durch das wilde Finowtal. Wir laufen bis zur **4** Wehrmühle, folgen leicht links dem Weg, der uns wieder bis zur Kirschallee führt, die wir anschließend links hochlaufen, wo wir dann wieder auf den Reiterhof stoßen. Diese Variante ist zu empfehlen, wenn das Wetter nicht so gut ist, da das Finowtal ansonsten ein viel besuchtes Wanderziel ist.

Info

🚍	RE bis Bernau, dann mit der RB bis Biesenthal
🅿	Kirschallee in Biesenthal kurz hinter dem Reiterhof
🗺	Kompass Wanderkarte Schorfheide, Uckermark, Barnim (Nr. 744)
🍴	Café und Konditorei Franke Breite Straße 10 16359 Biesenthal Tel.: 03337-41689
🛏	Fischlounge - Hotel - Pension Am Wukensee Akazienallee 5 16359 Biesenthal Tel.: 03397-4577-0 www.hotelpension-am-wukensee.de/ Zimmer ab 35 Euro (einfacher Standard)
ℹ	Tourismusverein Naturpark Barnim e.V. Bahnhofsplatz 2 - Im Bahnhof Wandlitzsee 16348 Wandlitz Tel.: 033397-67277 info@barnim-tourismus.de
✚	Tierarztpraxis Biesenthal Bahnhofstr. 5 16359 Biesenthal Tel.: 03337-377087

TOUR 9

viel Wasser und abwechslungsreiche Landschaft –
Höhepunkt: das Hellmühler Fließ mit seinen Schluchten

Vom „gelobten Tal" in tiefe Schluchten

Hundefreundlichkeit: Die Gegend zwischen Hellsee und Lobetal ist mit Wanderwegen gut erschlossen – entsprechend eignet es sich als Ausflugsziel für die Berliner, die bei gutem Wetter zahlreicher auftauchen. Wir sind die Tour mehrmals gegangen und haben in Herbst und Winter kaum jemanden getroffen, was sehr stressfrei war. Am Anfang läuft man auf einem Rad-Wanderweg, hier sollte man auf die Radfahrer achten. Später an der Hellmühle kreuzt man kurz eine Straße. In Lanke gibt es einen moorigen Abschnitt, den man über kleine Holzbrücken überquert – nicht für jeden Hund was.

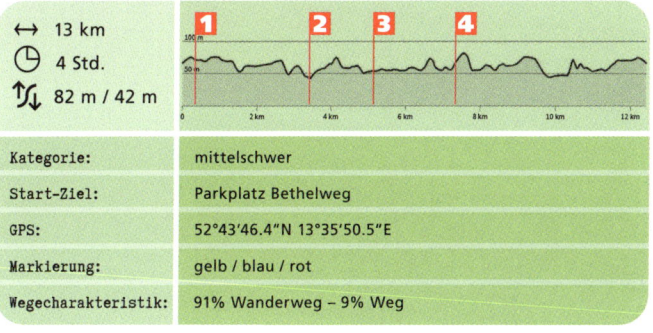

↔ 13 km
⏲ 4 Std.
↕ 82 m / 42 m

Kategorie:	mittelschwer
Start-Ziel:	Parkplatz Bethelweg
GPS:	52°43'46.4"N 13°35'50.5"E
Markierung:	gelb / blau / rot
Wegecharakteristik:	91% Wanderweg – 9% Weg

Lobetal, das gelobte Tal, liegt nur 15 Kilometer nordöstlich von Berlin, im Landkreis Barnim, und ist das Zentrum der Hoffnungstaler Stiftung Lobetal, einer Einrichtung für Menschen mit Behinderung und einer über 100 Jahre alten Geschichte. Es ist eine eigene Welt mit hübscher Architektur, eingebettet in ein verheißungsvolles Tal, umgeben von saftigen Wiesen und Wäldern.

Im Frühjahr könnte man hier mit einiger Fantasie tatsächlich eine biblisch-verheißungsvolle Landschaft erkennen – aber wir wollen ja nur wandern und keinen Verheißungen nachrennen. Vom Parkplatz laufen wir zunächst zum **1** Mechesee, dann wandern wir 3 km den Wanderweg (gelbe Markierung) Richtung Biesenthal. Ist dieser Part zunächst ein wenig eintönig, wird es ab der

> **Schloss Lanke**
>
> Der Ort wurde im 14. Jahrhundert erstmals erwähnt. In der jetzigen Form entstand das Schloss im frühen 19. Jahrhundert – es gehörte den Grafen von Redern, die es bis in die 1930er-Jahre nutzten. 1939 war in den Räumen der Reichsarbeitsdienst untergebracht, ab Juni 1945 ein Kriegslazarett und noch im gleichen Jahr eine sowjetische Kommandantur. 1947 wurde die Umgestaltung in ein Krankenhaus beschlossen. 1966 bis 1968 stand das Schloss leer, danach wurde es als Außenstelle des Eberswalder Bezirkskrankenhauses bis in die 1990er Jahre genutzt. Ein Pflegeheim zog ein und Ende der 1990er aus, seitdem standen die Gebäude mehrere Jahre leer. Mittlerweile ist das Schloss in Besitz mehrerer Familien, die das Schloss denkmalgerecht saniert haben. Man kann hier Ferienwohnungen mieten und Veranstaltungen abhalten.

Stelle, wo Rüdnitzer Fließ und Hellmühler Fließ zusammenkommen **2** immer interessanter.

Wir folgen der Ausschilderung Richtung Hellsee/Hellmühle und durchqueren dabei das Tal des Hellmühler Fließes für etwa 1 km – teilweise bietet sich die Natur hier unglaublich wild dar, man erkennt das gute alte Brandenburg kaum wieder.
Der Weg führt direkt zum **3** Gutshaus Hellmühle. Der unter Denkmalschutz stehende Fachwerkbau war einmal eine Jugendherberge, stand lange leer, und wird jetzt als Wohnhaus genutzt. Wir gehen rechts am Nordufer des Hellsees weiter. Hier kann es etwas belebter werden. Diese Strecke ist Teil des gut vermarkteten 66-Seen-Wanderwegs durch Brandenburg. An der Nordspitze des Sees trifft man **4** auf das Schloss Lanke inmitten des alten Lenné-Parks.

Wir umqueren den Hellsee und folgen der roten Markierung, die uns am Plötzensee entlang zurück bis zum Mechesee führt. Es ist geschafft!

Info

🚌	RE 18342 bis Bernau, dann Bus 890 Richtung Marienwerder nach Lanke, oder RE 18342 bis Bernau, dann Bus 869 Richtung Lobetal
🅿	Am Ausgangspunkt
🗺	Kompass Wander- und Radkarte Schorfheide Uckermark Barnim (Nr. 744)
🍴	Hotel & Restaurant Seeschloß Am Obersee 6 16348 Wandlitz OT Lanke Tel.: 03337-2043 www.seeschloss-lanke.de Preise ab 50 Euro (einfacher Standard)
ℹ	Touristeninformation „Alte Schmiede" An der Schmiede 2, 16321 Lobetal/Bernau bei Berlin Tel.: 03338-66435 Mail: Alte-Schmiede-Lobetal@web.de www.lobetal.de
✚	Tierarztpraxis Berkner Michael Berkner Biesenthaler Weg 24 16321 Ladeburg Tel.: 03338-459969

TOUR 10

Nah an der nördlichen Stadtgrenze – variabel zu laufen

Direkt vor der Stadt: Das Briesetal

Hundefreundlichkeit: Das Briesetal ist ein landschaftliches Kleinod direkt vor den Toren Berlins – entsprechend voll kann es am Wochenende und bei gutem Wetter schon mal werden. Sobald man aber etwas antizyklisch wandert, ist man auch hier fast ungestört. Es gibt reichlich Wasser, nur am Ausgangspunkt ist Autoverkehr. Vorsicht am Forsthaus Wensickendorf: Dort sind verschiedene Tiere auf der Weide. Bei viel Regen kann die Strecke rund um die Elsenquelle/Hubertusbrücke sehr schlammig werden – die Wanderung wird da ohne Stiefel schnell zur Matschpartie und der Hund reif für die Dusche danach.

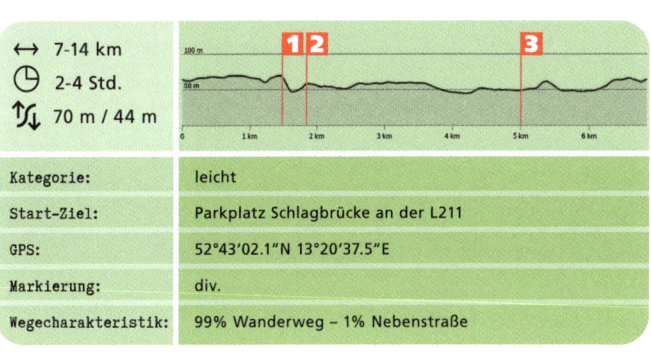

↔ 7-14 km
⏱ 2-4 Std.
⇅ 70 m / 44 m

Kategorie:	leicht
Start-Ziel:	Parkplatz Schlagbrücke an der L211
GPS:	52°43'02.1"N 13°20'37.5"E
Markierung:	div.
Wegecharakteristik:	99% Wanderweg – 1% Nebenstraße

Benannt ist das Briesetal nach dem kleinen Bach Briese, der sich durch das Tal schlängelt, im Wandlitzsee entspringt und nach ca. 16 km in die Havel mündet. Wir durchwandern das Tal vom Parkplatz Schlagbrücke aus entlang der Briese, die sich zauberhaft durch das kleine Tal schlängelt und manchmal fast urwaldartig darbietet. Es geht hier immer geradeaus bis 1 eine erste Abbiegung nach links mit kleiner Brücke kommt.

Von hier führt der Weg zum 2 Forsthaus Wensickendorf, wo es bei gutem Wetter Getränke und Essen gibt. Umgeben ist das Forsthaus von Weiden, auf denen Esel und Ziegen leben, also ❗ Achtung mit den Hunden, die darauf reagieren.

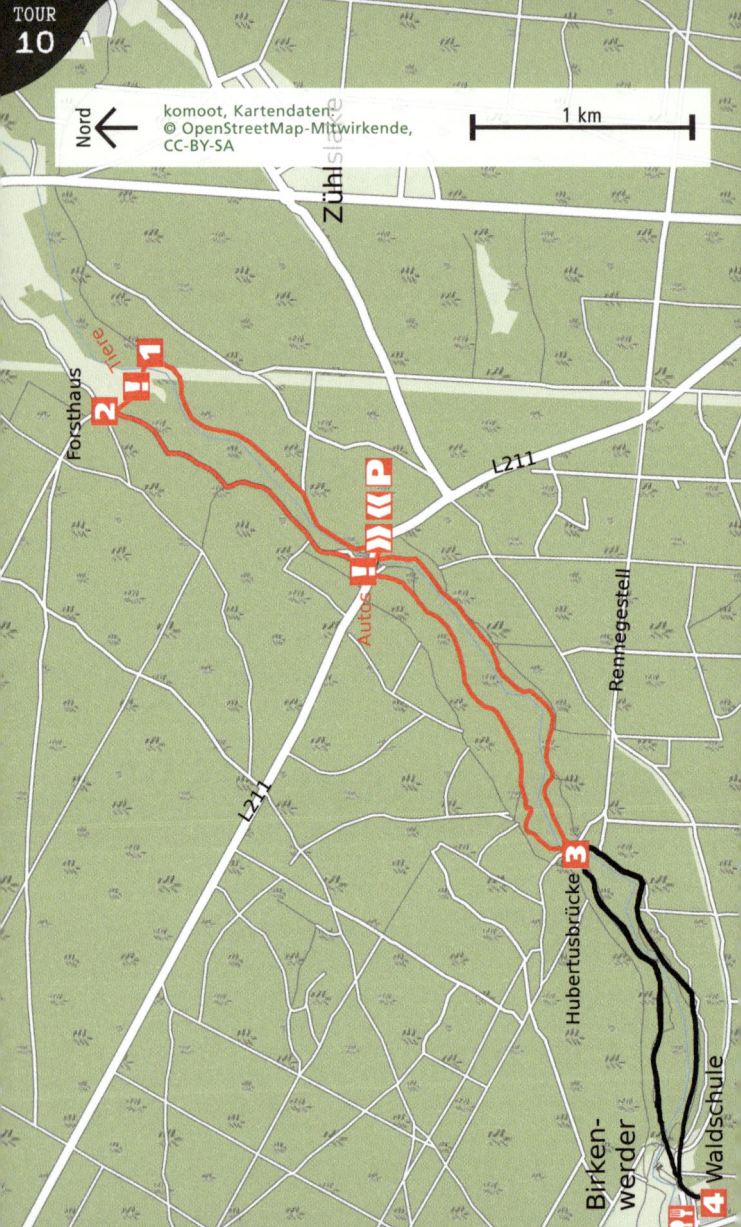

Das Briesetal bei der Hubertusbrücke

Nach einer kleinen Pause laufen wir am Nordufer der Briese zurück Richtung Schlagbrücke. Wer noch mehr Zeit und Kondition hat, überquert die Brücke und läuft am Rande des Tals auf teils etwas schmalen Pfaden bis zur **3** Elsenquelle/Hubertusbrücke und zurück bis Schlagbrücke (Gesamtstrecke dann: knapp 11 km) – oder aber bis zur **4** Waldschule und zurück bis Schlagbrücke (14 km).

Hummeln tummeln sich auch im Briesetal

Waldschule Briesetal

Die Waldschule Briesetal mit Naturerlebnisgarten und Naturlehrpfad bietet Kindern und Erwachsenen u. a. geführte Wanderungen, das Informationskabinett und Pilzberatungen, Angebote für Hundebesitzer gibt es nicht (www.waldschule-briesetal.de).

Info

🚉	S 1 bis Borgsdorf (dann von Waldschule bis Schlagbrücke oder Erweiterung bis Forsthaus Wensickendorf
🅿	Parkplatz Schlagbrücke
🗺	Kompass Wander- und Radkarte Rheinsberger Seengebiet, Ruppiner Land (Nr.743)
🍴	Biergarten „Briesekrug" Briese 4 16547 Birkenwerder OT Kolonie Briese www.briesekrug.de Mo.-So. 11-19 Uhr
🛏	Hotel Weisser Hirsch Friedensallee 2 16556 Borgsdorf Tel.: 03303-2148030 weisser-hirsch-borgsdorf.de Preise ab 48 Euro (einfacher Standard)
ℹ	Touristeninfo Birkenwerder im S-Bahnhof Clara-Zetkin-Straße 13 16547 Birkenwerder Tel.: 03303-5960658 www.birkenwerder.de
✚	Kleintierpraxis Dieck + Grové Erich-Mühsam-Straße 19a 16547 Birkenwerder Tel.: 03303-402567

Ein Evergreen: nicht weit weg, selten überlaufen – kleine Seen – gut ausgebaute Wanderwege

Durch den Summter Wald im Mühlenbecker Land

Hundefreundlichkeit: **Der Summter Wald ist meist ruhig und die Anfahrt nicht lang – auch das ist für uns hundefreundlich. Es gibt viel Wasser. Leider sind Pferde unterwegs (bei Schloss Dammsmühle). Am Summter See ist bei gutem Wetter sehr viel los – ihn kann man aber auch meiden.**

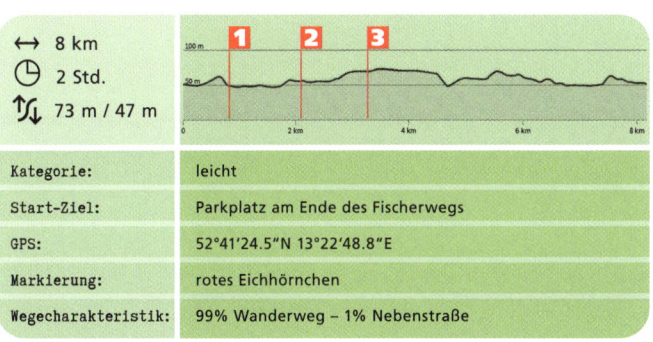

↔ 8 km
⏲ 2 Std.
↕ 73 m / 47 m

Kategorie:	leicht
Start-Ziel:	Parkplatz am Ende des Fischerwegs
GPS:	52°41'24.5"N 13°22'48.8"E
Markierung:	rotes Eichhörnchen
Wegecharakteristik:	99% Wanderweg – 1% Nebenstraße

Vom Parkplatz aus geht's Richtung 1 Summter Karpfenteiche. Den ersten kann man nicht verfehlen, man stößt direkt darauf. Hier biegen wir rechts ab Richtung Dammsmühle, vorbei am Mühlenbecker See bis zum 2 Schloss Dammsmühle.

Von Schloss Dammsmühle aus führen viele Wege zurück. Eine Option ist diese: Gehen Sie nach Norden bis zum 3 Rennegestell. Dort über den Rennebruch hinaus und hinter dem Rennebruch dann nach links auf den Weg, der allerdings auch als Radweg genutzt wird (BBS/HEI-Radweg). Dieser Weg führt nach Süden zurück zum 1 Summter See, den man – um nicht in den Ort zu laufen – am Nordufer und Ostufer umwandert, bis wir wieder am Ausgangspunkt sind. Die Tour kann man deutlich abkürzen, wenn man vom Rennegestell früher links abbiegt. Alle Wege führen wieder zum Summter Karpfenteich oder Summter See. Von dort muss man sich immer nach Summt orientieren.

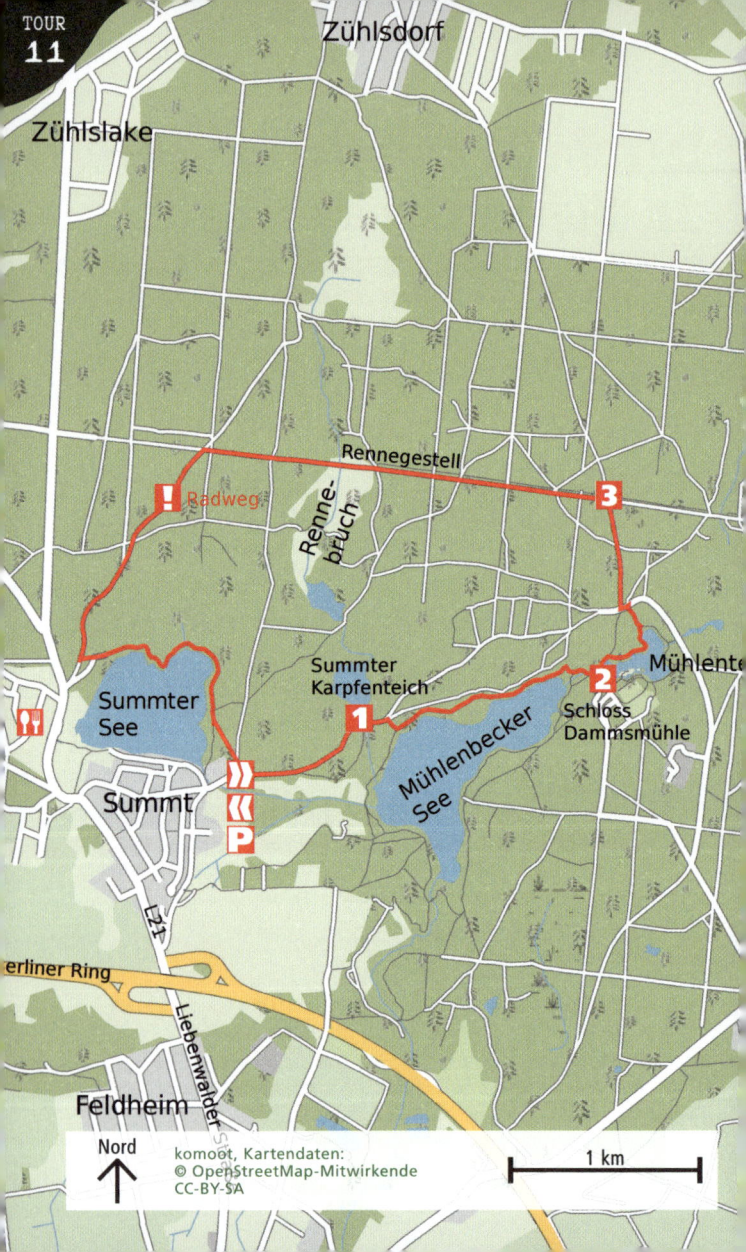

Schloss Dammsmühle verfällt

Schloss Dammsmühle

Das Schloss war Jagdschloss, um 1900 Vergnügungslokal, dann wieder Wohnsitz und Wochenendhaus vermögender Berliner. In der NS-Zeit gehörte es der Waffen-SS, wurde von der sowjetischen Armee als Lazarett, Erholungsheim und Kasino verwendet. Ab 1959 nutzte die Staatssicherheit der DDR das Schloss und baute auf dem Gelände zahlreiche Bunkeranlagen. Stasi-Chef Mielke soll hier gejagt haben. Nach der Wende war es ein Hotel. Heute steht es leer und verfällt.

Luca im Summter Wald

Info

🚉	S1 bis Hermsdorf, dann Bus 107 bis Schildow Kirche, dann Bus 806 bis Summt
🅿	Am Startpunkt
🗺	Kompass Wanderkarte Rheinsberger Seengebiet, Ruppiner Land (Nr. 743)
🍴	Summter Storch Restaurant und Landgasthof Liebenwalder Str. 64 16567 Mühlenbeck-Summt Tel.: 033056-22241 www.summter-storch.de Zimmer ab 25 Euro (einfacher Standard, rustikal)
ℹ	Touristeninfo Mühlenbecker Land Hauptstraße 9 16567 Mühlenbecker Land Tel.: 033056-28947 www.muehlenbeckerland.de
✚	Tierärztliche Praxis Schönfließ Am Anger 6 16567 Schönfließ Tel.: 033056-43800

Osten

TOUR 12

Riesige glaziale Rinne mit über 20 schmalen Rinnseen – bedeutendes Geotop

Durch den Gamengrund bei Tiefensee

Hundefreundlichkeit: **Die Tour entlang des Mittelsees und des Langen Sees kreuzt keine Straße. Zwischen beiden Seen liegt jedoch eine Draisinenstrecke – bei gutem Wetter verkehren die Draisinen zahlreich. In der Nebensaison fahren die Draisinen fast nur noch am Wochenende. An der Nordspitze des Langen Sees ist eine schöne Badestelle – für Hunde leider verboten. Insgesamt sehr ruhig.**

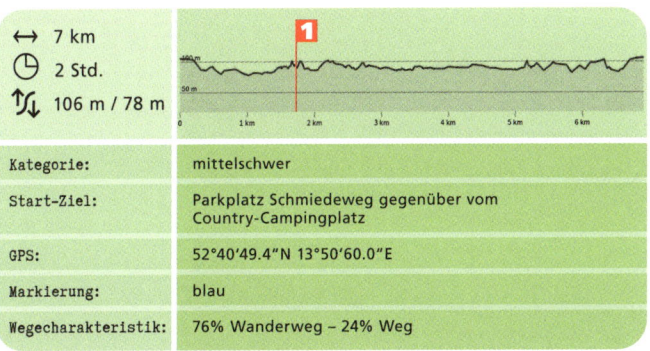

↔ 7 km
⏱ 2 Std.
↕ 106 m / 78 m

Kategorie:	mittelschwer
Start-Ziel:	Parkplatz Schmiedeweg gegenüber vom Country-Campingplatz
GPS:	52°40'49.4"N 13°50'60.0"E
Markierung:	blau
Wegecharakteristik:	76% Wanderweg – 24% Weg

Vom Parkplatz gehen wir am Country-Campingplatz vorbei und laufen links das westliche Ufer des Mittelsees entlang (blaue Wegmarkierung) bis wir zur Draisinenstrecke kommen, die zwischen Mittelsee und Langer See auf einem hochliegenden Bahndamm verläuft. Der Bahndamm ist deutlich sichtbar, die Gefahr, dass man plötzlich über die Draisinengleise stolpert und eine Draisine angerauscht kommt ist also gering.
Am Bahndamm gehen wir rechts und kommen 1 am „Malerblick" vorbei, von dem aus man tatsächlich einen malerischen Blick auf den Mittelsee hat und eine erste Rast einlegen kann. Links hoch geht es weiter, über den Bahndamm, wieder herab zum Langen See. Wir laufen die Tour also wie eine Acht, man kann aber auch erst das komplette Westufer beider Seen ablaufen und dann die Ostseite. Nach unserer Variante wandern wir nun also die Ostseite des Langen Sees ab bis zu dessen Nordspitze, wo eine ❗ Badestelle wartet, die recht beliebt ist – hier kann

es im Sommer schon mal zu Kollisionen zwischen Hund-Mensch-Hundemenschen-Nicht-Hundemenschen kommen. Natürlich beherrschen wir die hohe Kunst der freundlichen Ignoranz und gehen die Strecke weiter am westlichen Ufer bis wir wieder zur Draisinenstrecke kommen und an das Ostufer des Mittelsees weiterlaufen bis wir wieder auf den Campingplatz stoßen und zurück zum Parkplatz gelangen.

Erweiterungsoptionen: Den Rundwanderweg kann man sehr schön mit dem Gamensee erweitern (+ 4 km) oder aber durch einen Abstecher zum Forsthaus Leuenberg, das wunderbar im Wald liegt, brandenburgische Küche bietet und für seine Wildspezialitäten von örtlichen Jägern bekannt ist. Das Forsthaus liegt östlich vom Mittelsee im Forst Lauenberg (+ 3,5 km).

Blick auf den Mittelsee

Info

H	RB von Berlin-Lichtenberg bis Werneuchen, dann Bus 887 bis Tiefensee
P	Parkplatz Schmiedeweg gegenüber vom Country-Campingplatz
🗺	Kompass Wanderkarte Schorfheide, Uckermark, Barnim (Nr. 744)
🍴	Das Forsthaus Bahnhofstr. 13 16259 Höhenland OT Leuenberg Tel.: 033451-558844 Mail: info@das-forsthaus-leuenberg.de www.das-forsthaus-leuenberg.de
i	Tourismusverein Naturpark Barnim e.V. Bahnhofsplatz 2 - Im Bahnhof Wandlitzsee 16348 Wandlitz Tel.: 033397-67277 www.amt-maerkische-schweiz.de
✚	Kleintierpraxis Werneuchen Lindenstr. 31 16356 Werneuchen Tel.: 033398-7429

Lolo macht den Malerblick

TOUR 13

**Versteckte stille Waldseen –
abseits aller eingetretenen Pfade**

In die Steinbecker Heide

Hundefreundlichkeit: **Die Steinbecker Heide ist alles andere als ein Touristenmagnet – entsprechend einsam geht's dort zu. Lediglich im Sommer kommen Leute aus der Umgebung zum versteckten Röthsee, der eine Badestelle hat. Südlich vom Markgrafensee verläuft eine Draisinenstrecke, da ist v.a. im Sommer Vorsicht geboten. Ansonsten eine sehr schöne Hundetour ohne Gefahren.**

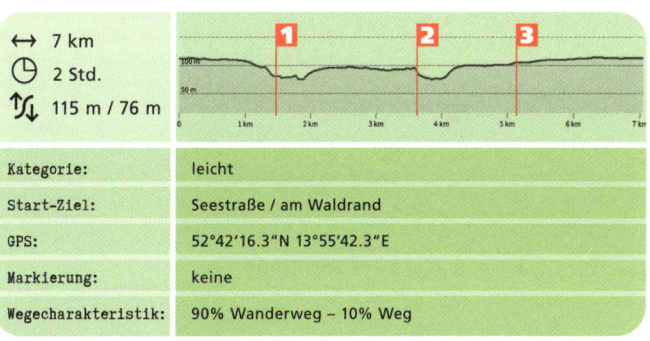

↔ 7 km
⏲ 2 Std.
↕ 115 m / 76 m

Kategorie:	leicht
Start-Ziel:	Seestraße / am Waldrand
GPS:	52°42'16.3"N 13°55'42.3"E
Markierung:	keine
Wegecharakteristik:	90% Wanderweg – 10% Weg

Wir laufen in Steinbeck los (Seestraße am Waldrand) in die Heide Richtung **1** Röthsee. Der Weg führt immer geradeaus direkt zum See. An der Nordspitze des Sees befindet sich die **H** Badestelle mit kleinem Sandstrand. Von dort gehen wir nicht direkt am Ufer weiter, sondern nehmen den von der Badestelle nach Nordosten führenden Weg, der uns nach ca. 1 km zu einer sehr schönen Lichtung führt. Von dort geht es rechts weiter oberhalb des Röthsees (der nun rechts von uns liegt) entlang, bis man auf eine Gabelung stößt. Wir biegen links ab und kommen zum **2** Markgrafensee, der ein ganzes Stück größer ist als der Röthsee, allerdings mit Schilf zugewachsen ist. Zugang zum Wasser gibt es nur an einigen wenigen Stellen, wo Fischer ihre Stege hingebaut haben. Wir umrunden den See großzügig oder gehen an der östlichen Seeseite geradeaus bis zur Draisinenstrecke, dann parallel zur Strecke bis zum **3** Forsthaus. Am Forsthaus laufen wir wieder in den Wald hinein, den großen Waldweg immer geradeaus zurück bis zum Ausgangspunkt.

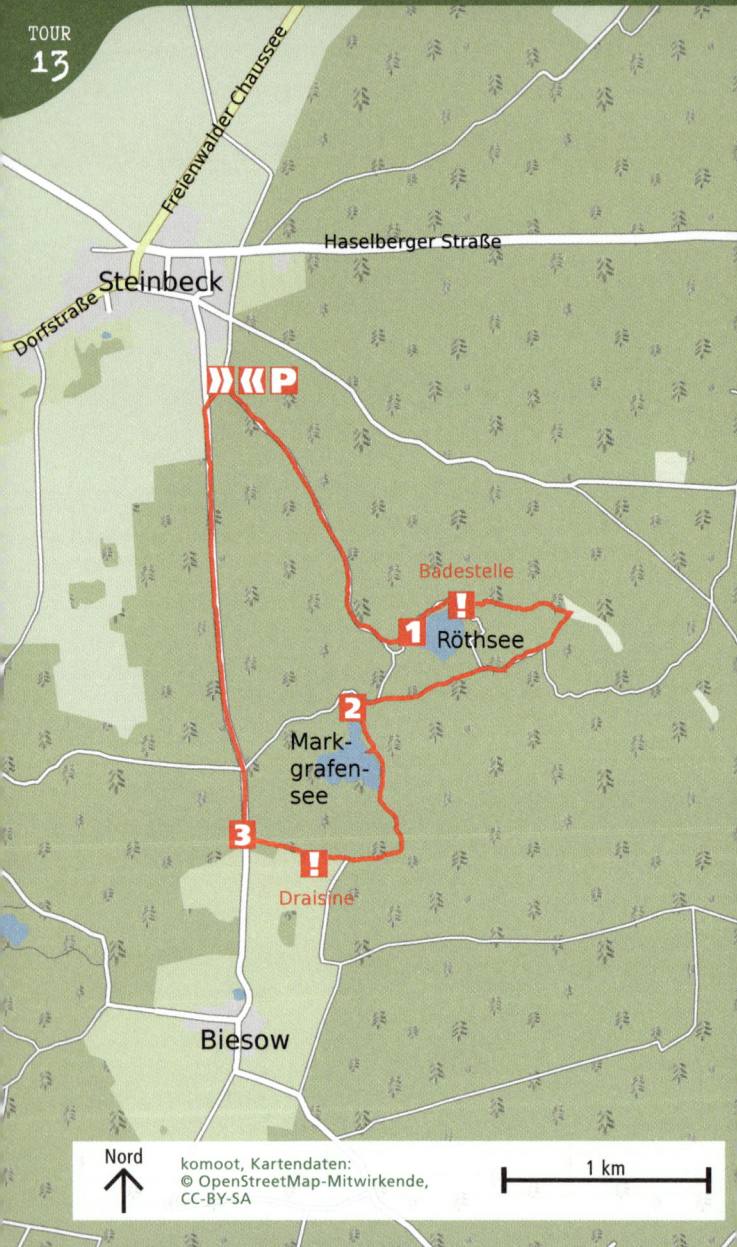

Otto und Lolo in der Steinbecker Heide – für's Foto abgeleint.

	Info
🅷	RB von Berlin-Lichtenberg bis Werneuchen, dann Bus 887 bis Steinbeck
🅿	Seestraße am Waldrand
🗺	Kompass Wanderkarte Schorfheide, Uckermark, Barnim (Nr. 744)
🍴	Restaurant Steinbeck Dorfstr.22 , 16259 Steinbeck Tel./Fax: 033454-263
🛏	Das Forsthaus Bahnhofstr. 13 16259 Höhenland OT Leuenberg Tel.: 033451-558844 www.das-forsthaus-leuenberg.de Zimmer ab 65 Euro (guter Standard)
ℹ	Tourismusverein Naturpark Barnim e.V. Bahnhofsplatz 2 - Im Bahnhof Wandlitzsee 16348 Wandlitz Tel.: 033397-67277 www.amt-maerkische-schweiz.de
✚	Kleintierpraxis Hendrik Bonin Hendrik Bonin August-Bebel-Str. 1 16259 Bad Freienwalde Tel.: 03344-150844

TOUR 14

Hügelig – Mühlen – Fließe – weite Wiesen
Die Mühlentour durch die Märkische Schweiz

Hundefreundlichkeit: Die Mühlen sind bewirtschaftet (Pritzhagener Mühle) bzw. an der Eichendorfer Mühle werden etliche Tiere gehalten. Die Tour führt außerdem durch das Dorf Münchehofe, hier ist Autoverkehr. Ansonsten sehr hundefreundlich und entspannt.

↔ 11 km
⏱ 3 Std.
↕ 66 m / 14 m

Kategorie:	mittelschwer
Start:	Pritzhagener Mühle (Am Tornowsee)
GPS:	52°34'44.8"N 14°06'38.0"E
Markierung:	Grüne Wegmarkierung, rote Wegmarkierung
Wegecharakteristik:	58% Wanderweg – 41% Weg – 1% Straße

Den Mühlenrundweg beginnen wir an der Pritzhagener Mühle. Die 1375 erstmals erwähnte und nach ihrer Zerstörung im Dreißigjährigen Krieg 1650 wiederaufgebaute Mühle erhielt 1827 die königliche Schankerlaubnis und gilt als älteste Gaststätte der Märkischen Schweiz. Von der Pritzhagener Mühle aus stürzen wir uns – der grünen Wegmarkierung folgend – in ein neues Abenteuer. Der Weg führt nach wenigen Minuten an weiten Wiesen vorbei, man kann den Blick schweifen lassen und kommt in eine Ecke der Märkischen Schweiz, die nicht überlaufen ist.

Links geht der Weg zum 🅞 Internationalen Fledermausmuseum Julianenhof ab, das ca. 1,5 km entfernt liegt und das Leben der Fledermäuse dokumentiert.

Wir bleiben auf dem Weg, gehen immer geradeaus und überqueren den Höllenbach. Am Wegesrand stehen immer wieder die Hinweisschilder auf den Mühlenrundweg, der entlang hügeliger Wiesen bis zur 🚩1 Eichendorfer Mühle führt, die ein Therapiezentrum für suchtkranke Menschen ist. ❗ Hier laufen eine ganze Menge Tiere herum: Feder-

Im Stobbertal

vieh, Katzen – also gut auf die Hunde aufpassen! Der Weg führt vorbei an der Mühle, deren Geschichte bis ins 14. Jahrhundert zurückführt, und dem Fischpass. Wir überqueren den kleinen Bach (der Stobber, das zentrale Fließgewässer der Märkischen Schweiz), durchlaufen das Stobbertal durch einen waldigen Abschnitt, steigen einige Höhenmeter herauf und landen auf einem Feldweg, der nach Münchehofe führt.

Wir gehen in den Ort (❗Achtung Autos), biegen im Ort nach rechts auf einen Weg, der ab und an von Autos befahren wird, aber dann direkt wieder ins Naturschutzgebiet zurück-

TOUR 14

Otto und Lolo

Auf dem Weg nach Münchehofe

führt. Auf der Strecke passieren wir links 🅾 die Münchehofer Flugsanddüne, wo steinzeitliche Siedlungsspuren entdeckt worden sind, die aus der Zeit von 9000 v. Chr. stammen. Infotafeln klären genauer über dieses Flächennaturdenkmal auf.

Wir lassen das Mühlenfließ links liegen, rechts taucht die 2 Waldschule „Alte Mühle" auf. An der kurz darauf folgenden Weggabelung, also vor den markanten Drei Eichen, gehen wir rechts und folgen der Ausschilderung zurück zur Pritzhagener Mühle (rote Wegmarkierung). Nach rund 1,7 km kommen wir zum Ausgangspunkt. Wer möchte, kann noch einen kleinen Abstecher zum Großen Tornowsee machen. Danach sollte man unbedingt noch nach Buckow und in einem der Cafés am See oder am Marktplatz ausruhen, Kaffee trinken und glücklich sein. Wer noch mehr Energie hat:Hier ist auch das sehenswerte 🅾 Brecht-Weigel-Haus (Bertolt-Brecht-Straße 30, 15377 Buckow).

Info

🇭	RB bis Müncheberg, dann Bus 928 bis Buckow
🅿	An der Pritzhagener Mühle
🗺	Kompass Wanderkarte Südliches Märkisches Oderland (Nr. 746)
🍴	Ausfluggaststätte „Pritzhagener Mühle" OT Bollersdorf-Pritzhagen Lindenstraße 74 15377 Oberbarnim
🛏	Hotel Vier Jahreszeiten Buckow Ringstraße 5-6 15377 Buckow Tel.: 033433-151390 www.vierjahreszeiten-buckow.de/ Zimmer ab 35 Euro (guter Standard)
ℹ	Kultur- und Tourismusamt Märkische Schweiz Sebastian-Kneipp-Weg 1 15377 Buckow (Märkische Schweiz) Tel.: 033433-65983 -82, www.amt-maerkische-schweiz.de
✚	TA Dr. Joachim Simon Lessingstr. 32 15374 Müncheberg Tel.: 033432-8722

Unerwartet abwechslungsreiche Natur – ein beeindruckendes Herrenhaus – eine kleine Schlucht – viel Wasser

Die Maxsee-Rundtour

Hundefreundlichkeit: Der Maxsee ist kaum bekannt, an den vielen Wasserstellen sitzen Angler aus dem Dorf, die auch schon mal direkt mit dem Auto am See vorfahren. Hat man den Ort hinter sich gelassen, ist man sehr für sich. Am Südufer gibt es Feuchtwiesen. Kurz vor der Neuen Mühle ist eine Pferdekoppel. Ganz am Ende der Tour kommt man nochmal kurz durch den Ort und geht 10 Min. der Straße entlang

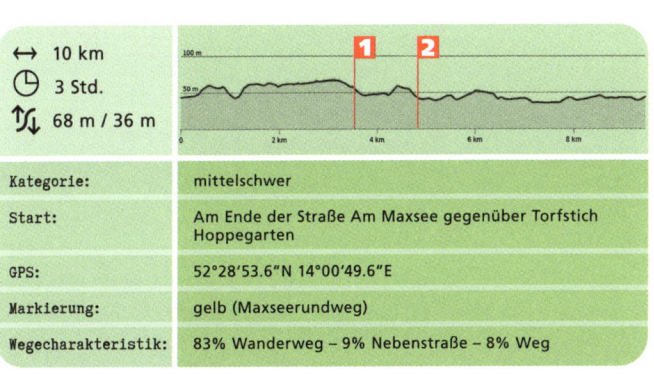

↔ 10 km
⏱ 3 Std.
↕ 68 m / 36 m

Kategorie:	mittelschwer
Start:	Am Ende der Straße Am Maxsee gegenüber Torfstich Hoppegarten
GPS:	52°28'53.6"N 14°00'49.6"E
Markierung:	gelb (Maxseerundweg)
Wegecharakteristik:	83% Wanderweg – 9% Nebenstraße – 8% Weg

Eine wunderbare Rundtour um den Maxsee: Wir gehen am südlichen Ufer entlang (gelbe Markierung für den Rundweg). Schon die ersten 2 km sind beeindruckend. Innerhalb kurzer Zeit läuft man an ganz unterschiedlicher Natur vorbei. Wald, dann Feuchtwiesen, an die sich ein fast urwaldhafter Abschnitt anschließt. Die Orientierung fällt sehr leicht, es ist alles gut ausgeschildert. Nach 2 km biegt der Weg links ab. Dort befindet sich auch ❗ eine Pferdekoppel – also Achtung mit den Hunden. Im kleinen Bogen führt der Weg zur 1 Neuen Mühle. Dieses Stück ist auch als Fahrradweg ausgewiesen. ❗ Kollisionen bitte vermeiden.

Der schönste Teil der Tour folgt nach der Neuen Mühle: Fast schluchtenartig zeigt sich da die 2 glaziale Rinne, in der der Maxsee liegt. Der Name des Sees kommt übrigens wahrscheinlich vom slawischen mok (nass). Nach der urwüchsigen Schlucht geht es über in den sehr schönen Mischwald, der bis ans Ufer des Sees reicht. Am Ufer wandern wir weiter. Bei gutem Wet-

Feuchtwiesen am Maxsee

ter kann man hier wunderbar schwimmen. Immer geradeaus am Uferweg entlang landen wir am Ende wieder in 3 Hoppegarten (nicht zu verwechseln mit dem Berliner Hoppegarten und der Pferderennbahn). Ein kleines Stück laufen wir durch den Ort und kommen zur Straße Am Maxsee wieder an – unserem Ausgangspunkt.

Neue Mühle

Der Name ist fast bescheiden. Wer vor dem Anwesen steht, das heute noch in Privatbesitz ist, sieht schnell, dass es sich hier doch um ein recht ansehnliches Gut handelt. 1924 hatte der Bankier und Aufsichtsratsvorsitzende der Deutschen Bank Max Steinthal das 170 Hektar umfassende Gut, das von der Siedlung bis zum See reichte, gekauft – als Geschenk zum 35. Geburtstag seiner Frau Fanny. Den Gutshof „Neue Mühle" statteten Steinthal und seine Frau mit Teilen ihrer weitgehend verlorengegangenen Kunstsammlung alter Meister aus. Die Nationalsozialisten enteigneten die jüdische Familie. Nach dem Krieg bis zur Wende diente das Haus als Ferienheim der DDR-Blockpartei NDPD. Nach 1990 wurde das Haus verkauft, der Kaufpreis ging an die Nachkommen der Familie Steinthal.

Info

🚉	RB 26 nach Müncheberg Bhf., dann mit dem Bus nach Hoppegarten (unregelmäßiger Verkehr)
🅿	Am Ende der Straße Am Maxsee gegenüber vom Torfstich Hoppegarten
🗺	Kompass Wanderkarte Südliches Märkisches Oderland (Nr. 746)
🍽	Schloss Café Schöneiche Dorfstr. 27a 15566 Schöneiche Tel.: 030-65075775 www.schlosscafeschoeneiche.de
🛏	Landhotel Sternthaler Poststraße 6 15374 Müncheberg Tel.: 033432-916617 www.hotel-sternthaler.de
ℹ	Touristeninformation Ernst-Thälmann Str. 101 15374 Müncheberg Tel. 033432-70931 www.stadt-muencheberg.de
✚	Tierärztliche Praxis Dr. Joachim Simon Lessingstr. 32 15374 Müncheberg Tel.: 033432-8722

Unbekannter See mit sehr vertrauenswürdiger Wasserqualität – Hundebadestelle – Stege für alle

Einmal rund um den Trebuser See

Hundefreundlichkeit: Sehr hoch, denn immerhin sind hier Hundebadestellen eingerichtet und weil eh nicht viel los ist und der Trebuser See eher einer der „vergessenen" Seen in Brandenburg ist (weil auch nicht der spektakulärste), geht es hier mit Hund sehr entspannt zu. Es gibt einige Angler, auf die Rücksicht zu nehmen ist, der Pfad entlang des Sees ist etwas schmal – bei Gegenverkehr mit Hund wird's eng.

↔ 6-10 km
⏲ 2-3,5 Std.
↕ 68 m / 41 m

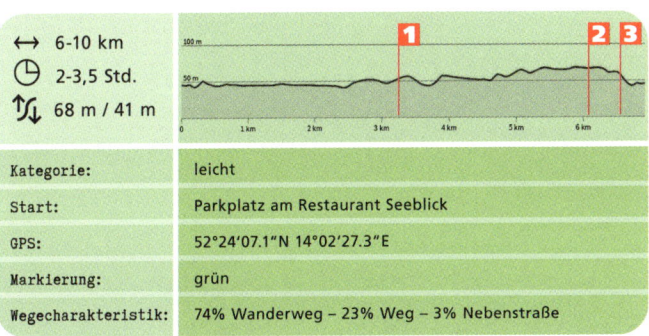

Kategorie:	leicht
Start:	Parkplatz am Restaurant Seeblick
GPS:	52°24'07.1"N 14°02'27.3"E
Markierung:	grün
Wegecharakteristik:	74% Wanderweg – 23% Weg – 3% Nebenstraße

Der Trebuser See liegt nordwestlich von Fürstenwalde. Trebus selbst ist noch ein Stadtteil von Fürstenwalde. Die Tour startet am Restaurant Seeblick, dessen Betreiber Lutz König selbst Hundebesitzer ist (schwarzer Labrador) und den Parkplatz seines Restaurants gerne als Startpunkt anbietet. Von dort führt der Weg unterhalb der Restaurantterrassen direkt zum Seeufer. Am Ufer geht es immer nur weiter geradeaus – verlaufen ist praktisch nicht möglich, aber wer dennoch nach Orientierung sucht: Die grüne Wegmarkierung zeigt Ihnen, dass Sie noch auf dem richtigen Pfad sind. Tatsächlich ist es in großen Abschnitten ein Pfad, den Sie laufen, oftmals durchwachsen von uralten Baumwurzeln – was urig aussieht, aber vor allem Radfahrer definitiv fernhält. Kollisionen mit Zweirädern sind ziemlich ausgeschlossen hier. Wirklich schön sind die vielen Stege am See – alle paar Meter befindet sich einer. Die Stege sind öffentlich, jeder kann sie nutzen und direkt am Wasser die Son-

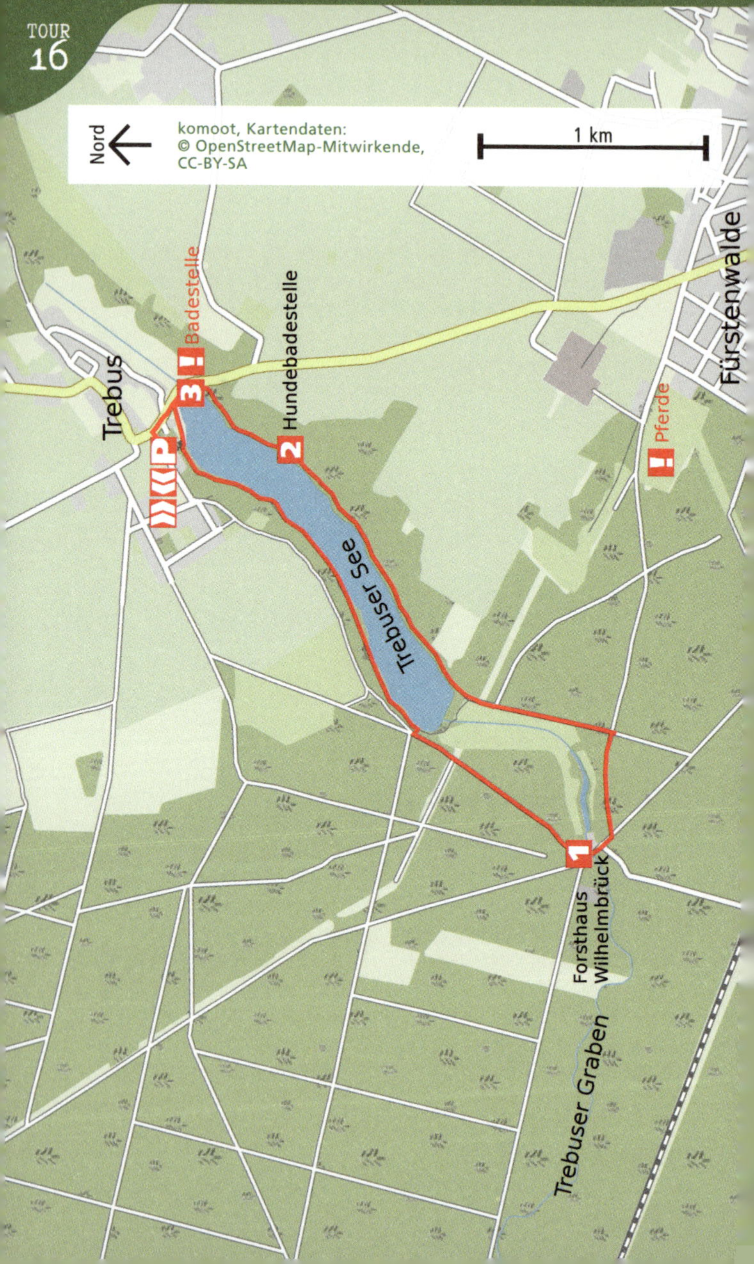

TOUR 16

Nord ←

komoot, Kartendaten:
© OpenStreetMap-Mitwirkende,
CC-BY-SA

1 km

Trebus

Fürstenwalde

3 Badestelle

2 Hundebadestelle

Trebuser See

Pferde

1 Forsthaus Wilhelmbrück

Trebuser Graben

Der Trebuser See hat eine eigene Hundebadestelle

ne genießen. Am Ende des Sees geht es entweder auf der anderen Seite des Sees direkt zurück (falls Sie es wirklich kurz machen wollen), oder Sie laufen geradeaus weiter bis zum 1 Forsthaus Wilhelmbrück und der Gaststätte Onkel Toms Hütte. Wer die ganz große Runde wagen will: Über das Königsgestell kann man Richtung Fürstenwalde West ca. 2 km weiter laufen bis der Weg den Trebuser Graben kreuzt. Von dort geht ein Wanderweg links ab, der sich am Trebuser Graben entlangschlängelt. Dieser Weg stößt auf einen größeren, befahrbaren Weg, den man links folgt Richtung Forsthaus Wilhelmsbrück. Kurz vorher geht's rechts ab Richtung Neuendorf. Die erste Möglichkeit nach links führt

Einer der vielen öffentlichen Stege am Trebuser See

Auf dem Rundweg um den Trebuser See

uns zurück zu dem Rundwanderweg um den Trebuser Sees, an dessen östlichem Ufer wir nun entlang laufen.

Hier verläuft der Uferweg teils aufregend hoch oberhalb des Wassers, immer wieder kann man aber zum Ufer gelangen. Hier finden wir nun auch **2** die offizielle Hundebadestelle (ausgeschildert). An der nördlichen Spitze angekommen, verläuft die Straße parallel zum Weg, aber oberhalb mit einer Mauer getrennt – also keine Gefahr für Hunde. Die **!** **3** Badestelle, die nun kommt, ist für Hunde verboten – aber unter der Woche ist hier sowieso kaum jemand. Nach der Badestelle gehen wir ca. 50 m der Straße entlang zurück zum Parkplatz. Wer will, kann sich im Restaurant Seeblick ausruhen, trinken und essen.

Info

🚉	RE bis Fürstenwalde, dann Bus 432 bis Trebus
🅿	Großer Parkplatz am Restaurant Seeblick
🗺	Kompass Wanderkarte Südliches Märkisches Oderland (Nr. 746)
🍴	Restaurant Seeblick Parkstr. 10 15517 Fürstenwalde/OT Trebus Tel.: 03361-347650 www.restaurantseeblick.com
🚻	In Fürstenwalde
ℹ	Fürstenwalder Tourismusverein e.V. Tourismusbüro Mühlenstraße 1 15517 Fürstenwalde/Spree Tel.: 03361-760600 www.fuerstenwalde-tourismus.de
✚	Tierklinik Fürstenwalde Rauener Kirchweg 26 15517 Fürstenwalde Tel.: 03361-313131

TOUR 17

Tiefer Wald mit den größten Findlingen Brandenburgs – ein alter Biobauernhof – in Bad Saarow am See zum Ausklang

Auf die Rauener Berge zum Markgrafenstein

Hundefreundlichkeit: Zunächst einmal: Hier ist ein dichter, alter Wald. Man kann in die Natur eintauchen und ist gleich von allem abgeschottet – wenn nicht Hochsaison ist und Gäste aus Bad Saarow auch mal wandern gehen. Die Markgrafensteine gehören zu den bedeutendsten Geotopen Deutschlands – da guckt der eine oder andere schon mal vorbei. Auf Teilstrecken zum Biobauernhof und zurück läuft man der Straße entlang, die allerdings nicht stark befahren ist. Auf dem Bauernhof sind viele Tiere – hier bitte Rücksicht nehmen.

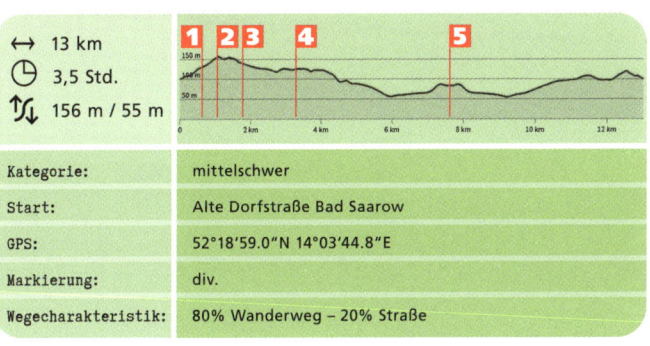

↔ 13 km
⏱ 3,5 Std.
↕ 156 m / 55 m

Kategorie:	mittelschwer
Start:	Alte Dorfstraße Bad Saarow
GPS:	52°18'59.0"N 14°03'44.8"E
Markierung:	div.
Wegecharakteristik:	80% Wanderweg – 20% Straße

Wir starten am Ende der Alten Dorfstraße von Petersdorf direkt rauf auf die **1** Rauener Berge und den höchsten Punkt dieser Tour. Wir passieren den **2** Aussichtsturm (links vom Weg) und den Fernmeldeturm (rechts) und laufen geradewegs auf die **3** Markgrafensteine zu.

Von den Markgrafensteinen kann ein Abstecher zum Steinernen Tisch gemacht werden, danach geht es weiter Richtung Westen, vorbei an **4** der alten Quelle Paulsborn, alten Bergbauschächten runter bis zur Kolpinerstraße. An der ersten Gabelung links und direkt danach rechts in die Marienhöhe bis **5** zum Biobauernhof.

Nach der Marienhöhe und einer Stärkung im Hofladen (falls offen, siehe

Otto und Lolo auf dem Steinernen Tisch in den Rauener Bergen – den Blick von dort soll schon Fontane genossen haben.

Markgrafensteine

Die Markgrafensteine wurden schon mal als eines der märkischen Weltwunder bezeichnet. Tatsächlich sind sie die größten Findlinge in Brandenburg und mit die größten in Deutschland. Sie wurden – wenn schon nicht als Weltwunder – immerhin in die Liste der herausragenden Nationalen Geotope in Deutschland aufgenommen. Durch die Eiszeit kamen die auch Geschiebe genannten Steine an ihren jetzigen Ort aus Skandinavien. Der große Markgrafenstein hatte ein Ausmaß von über 7 m Höhe und 7 m Länge und Breite. Ein Großteil des Granits landete in Berliner Bauwerken: Die Granitschale vor dem Alten Museum/Lustgarten in Berlin wurde u.a. aus dem Markgrafenstein gefertigt, weshalb der kleine Markgrafenstein nunmehr der größere, weil intakte Findling von den beiden ist. Viele Sagen sind mit dem Ort verbunden: Prinzessinnen und Teufel sollen in den Steinen gefangen gehalten sein. Auch gibt es Vermutungen, dass sich hier eine Kultstätte der Semnonen, einem alten Volksstamm, befunden haben soll.

Hallo Pferd… Otto lernte auf dem Marienhof eine Menge Tiere kennen

Leckere Sachen gibt's im Hofladen der Gemeinschaft Marienhöhe

Hofgemeinschaft Marienhöhe

Der Hof ist eine der Geburtsstätten alternativer Lebensformen in Deutschland und insbesondere der biologisch-dynamischen Landwirtschaft nach Rudolf Steiner und der Demeterbewegung. Selbst im Nationalsozialismus und zu DDR-Zeiten wirtschafteten die Bewohner nach diesen Leitlinien und als privater Hof. Schon immer verstand sich der Hof auch als Lebensgemeinschaft und Kulturzentrum. Auf der Website werden aktuelle Termine angekündigt. Eigene Produkte bietet der Hofladen an.
www.hofmarienhoehe.de

Website) laufen wir entweder runter nach Bad Saarow und dem Scharmützelsee oder gehen durch den Wald (grüne Wegmarkierung) zurück zum Ausgangspunkt.

Info

🚉	RE bis Fürstenwalde, dann RB bis Bad Saarow
🅿	Alte Dorfstraße Bad Saarow
🗺	Kompass Wanderkarte Südliches Märkisches Oderland (Nr. 746)
🍴	Alte Schule Restaurant & Hotel Kolpiner Straße 2 15526 Reichenwalde Tel.: 033631-59464 www.restaurant-alteschule.de Zimmer ab 65 Euro (sehr guter Standard, gehobene Küche)
ℹ	Tourismusverein Scharmützelsee e.V. - Gästeinformation Bahnhofsplatz 4 15526 Bad Saarow Tel.: 033631-438380 www.scharmuetzelsee.de
✚	Dr. med. vet. Eckold Karl-Heinz Ringstraße 2 15526 Bad Saarow Tel.: 033631-58666

TOUR 18

Nah bei Berlin – viel Wasser zu allen Seiten

Erkundungen auf der Halbinsel Schmöckwitz

Hundefreundlichkeit: Die Halbinsel Schmöckwitz im Süd-Osten Berlins punktet mit Wasser zu allen Seiten, das jederzeit gut zugänglich ist. Am Anfang der Tour passiert man das Strandbad Schmöckwitz, eine öffentliche Badestelle mit Sandstrand, wo im Sommer einiges los ist. Lässt man das Strandbad jedoch hinter sich, wird es ruhiger. Am Uferweg kommen einige Radfahrer vorbei, aber das hält sich in Grenzen. An zwei Stellen kommt man an einem Campingplatz vorbei.

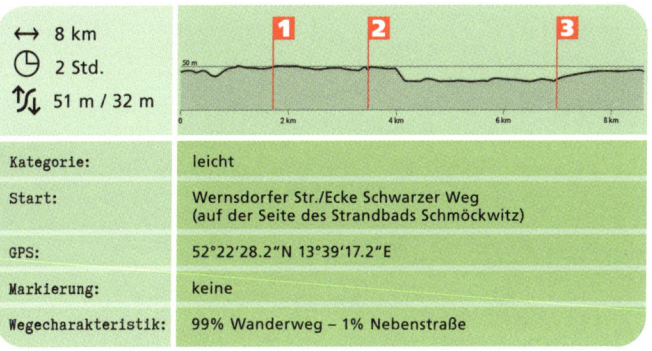

↔ 8 km
🕒 2 Std.
↕ 51 m / 32 m

Kategorie:	leicht
Start:	Wernsdorfer Str./Ecke Schwarzer Weg (auf der Seite des Strandbads Schmöckwitz)
GPS:	52°22'28.2"N 13°39'17.2"E
Markierung:	keine
Wegecharakteristik:	99% Wanderweg – 1% Nebenstraße

Wir starten am Kiosk (Oase), lassen das ❗ Strandbad Schmöckwitz rechts liegen und laufen geradewegs in den Wald. Wenn das Wetter nicht so gut ist, kann man auch an der Badestelle am Ufer des Zeuthener Sees entlang laufen. Der Weg führt direkt am Wasser entlang. Regelmäßig kommen sehr schöne Badebuchten, ein kleiner Campingplatz. An der 1 Wasserrettungsstation gibt es einen großen Steg, an dem eine Pause lohnt und man auf's wellige Wasser starren kann – oder mal wieder Stöckchen ins Wasser wirft. Der Weg führt am Ende auf den ❗ befahrenen Schmöckwitzer Damm, an einer Stelle, wo erste Häuser auch stehen.

Das Ostufer der Halbinsel Schmöckwitz

Wir gehen ein kleines Stück den Schmöckwitzer Damm nach rechts, um dann schnell wieder **2** auf der gegenüberliegenden Seite im Wald zu verschwinden und geradeaus zum Ostufer der Halbinsel zu gelangen. Nach rd. 1 km passieren wir den zweiten Campingplatz. Das Ostufer ist übrigens die Landesgrenze von Berlin zu Brandenburg. Wir laufen bis zu **3** dem alten weißen Häusschen, das etwas zwielichtig am linken Wegesrand liegt. Dort biegen wir links ab, hinter dem Haus wieder links und nach 200 m biegen wir rechts ab. Dieser Weg führt uns schnurrgerade über den Schmöckwitzer Damm zurück bis zum Strandbad Schmöckwitz und unserem Ausgangspunkt. Wer Lust hat, geht danach noch ein wenig in Schmöckwitz spazieren. Großartiges zu entdecken gibt es nicht, aber immerhin sehenswerte alte Villen und ein paar weitere gastronomische Angebote.

Info

🚊	S46 bis Zeuthen, dann Bus 733 bis Alt-Schmöckwitz (Bus verkehrt nicht ganzjährig)
🅿	Wernsdorfer Str./Ecke Schwarzer Weg (auf der Seite des Strandbads Schmöckwitz)
🗺	Kompass Wanderkarte Südliches Märkisches Oderland (Nr. 746)
🍴	Gaststätte Oase Wernsdorfer Straße 26 12527 Berlin (mehr Kiosk als Gaststätte, aber ok im Sommer auf der Terrasse)
🏨	Teikyo Berlin Hotel & Jugendgästehaus Schmöckwitzer Damm 1G 12527 Berlin http://www.teikyo-berlin.com Zimmer ab 20 Euro (im Jugendgästehaus)
ℹ	Berlin Tourismus & Kongress GmbH Am Karlsbad 11 10785 Berlin Tel.: 030-25002333 www.visitberlin.de
✚	Tierarztpraxis Bohnsdorf Waltersdorfer Straße 80 12526 Berlin Tel.: 030-6765377

Süden

TOUR
19

Entlang der Dahme – literarische Inspirationen über den Wald am Wegesrand – eine alte Mühle

Die Waldweisen in Märkisch Buchholz

Hundefreundlichkeit: Im Dorf ist Autoverkehr, eine Menge Katzen laufen herum – wie es auf dem Land halt so ist. Am Anfang kommen wir an Pferdekoppeln vorbei, nach dem ersten Kilometer wird es sehr ruhig, man taucht in den Wald ein und scheint ihn ganz für sich zu haben. An der Hermsdorfer Mühle ist kurzzeitig wieder Autoverkehr, Angler und Radfahrer. Mit letzteren teilt man sich nach der Hermsdorfer Mühle den Weg für rund 2 km, danach ist man wieder sehr für sich bis man zurück nach Märkisch Buchholz kommt.

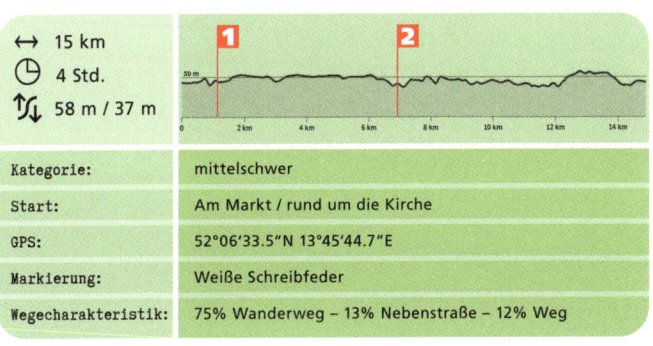

↔ 15 km
◷ 4 Std.
↕ 58 m / 37 m

Kategorie:	mittelschwer
Start:	Am Markt / rund um die Kirche
GPS:	52°06'33.5"N 13°45'44.7"E
Markierung:	Weiße Schreibfeder
Wegecharakteristik:	75% Wanderweg – 13% Nebenstraße – 12% Weg

Wir starten am Markt, folgen der Gartenstraße, dann Friedrichstraße, die sich nach 500 m gabelt. Wir gehen links in die Birkenstraße, von der gleich der Wiesenweg abgeht. Den Wiesenweg laufen wir immer geradeaus, vorbei an den letzten Häusern, einigen Datschen, Pferdekoppeln – danach geht's in den Wald über. Hier **1** stehen auch Hinweisschilder zu dem Projekt Lesefährte Waldweise.

Dahinter verbirgt sich ein Parcours durch den Wald mit Stationen, auf denen literarische Texthäppchen zum Wald stehen. Es sind 20 km Weltliteratur über den Wald - im Wald - an Lesepulten aus Kiefernstammstücken, erdacht von dem österreichischen und in Brandenburg lebenden Künstler Wolfgang Georgsdorf. Die Stationen lockern die Wanderung immer wieder auf und sind zugleich – neben der

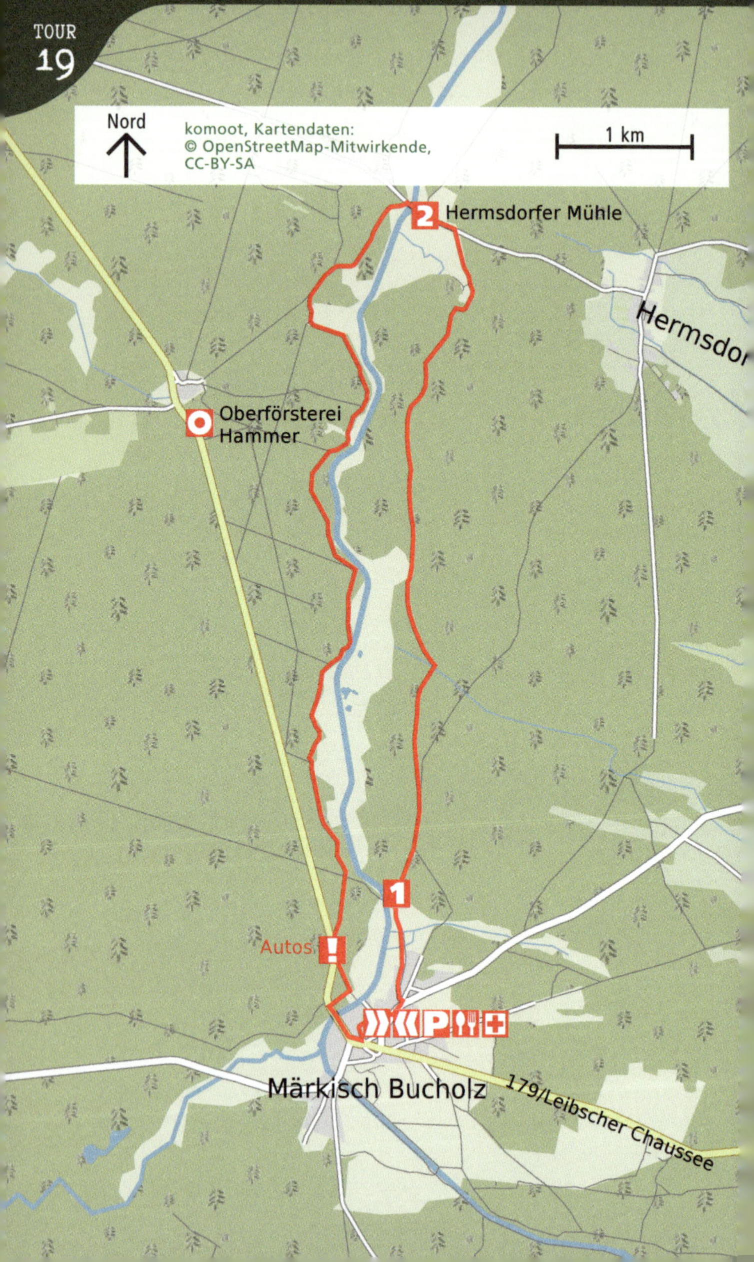

TOUR
19

Nord ↑

komoot, Kartendaten:
© OpenStreetMap-Mitwirkende,
CC-BY-SA

1 km

2 Hermsdorfer Mühle

Hermsdor

○ Oberförsterei Hammer

1

Autos !

Märkisch Bucholz

179/Leibscher Chaussee

Alte, knorrige Kiefern entlang der Lesefährte

Schreibfeder als Wegmarkierung – immer ein guter Orientierungspunkt. Im Grunde verläuft die Strecke immer geradeaus bis zur 2 Hermsdorfer Mühle. Verlaufen ist fast ausgeschlossen. Kurz vor der Mühle biegen Sie am weißen, leerstehenden Haus links ab. Hier ist bis kurz nach der Mühle Autoverkehr – wenn auch nur einige wenige Autos vorbeikommen. Das historische Gebäude der Mühle ist teils verfallen, teils bewohnt, allerdings nicht öffentlich zugänglich.

Mit Erreichen der Mühle und Schleusenanlage haben wir die Hälfte der Tour hinter uns – ideal für eine Pau-

TOUR 19

Entlang der Dahme bei Märkisch Buchholz

se, eh es auf der westlichen Dahmeseite zurückgeht. Zunächst laufen wir den asphaltierten Radweg entlang, eh wir links abbiegen auf einen Waldweg. Nach ca. 1 km haben wir die Möglichkeit geradeaus weiter zu laufen oder einen Abstecher zur Oberförsterei Hammer zu machen. Hier finden ab und an Veranstaltungen statt, z.B. Kinonächte in der alten Scheune - auch das wiederum eine Initiative von Wolfgang Georgsdorf. Alle Filme beziehen sich in irgendeiner Form auf den Wald, Naturschutz, Tiere.

Die Fährte auf der Westseite führt uns direkt an der Dahme entlang, hier können die Hunde auch immer wieder ans Wasser, es gibt da sehr lauschige Plätze, die allerdings gerne von Anglern auch beansprucht werden. Auf dem Rückweg geben nicht nur die Lesepulte und die Schreibfeder, sondern auch die Dahme untrügliche Orientierung. Erst auf dem letzten km führt der Wanderweg nah an die Landstraße – da hat die Romantik dann ein Ende, aber nach fast 16 km sehnt man sich sowieso vor allem nach einer längeren Pause. Unsere absolute Empfehlung, wenn Sie wieder in Märkisch Buchholz sind: Hermanns Marktwirtschaft mit seinem verwunschenen Garten und leckeren Burgern.

Die Hermsdorfer Mühle

Wenn Sie die Hermsdorfer Mühle sehen und daran vorbeigehen, sind Sie an einem Ort, an dem nachweislich schon vor über 500 Jahren eine Wassermühle stand und Menschen die Wasserkraft genutzt haben. Bis ins 20. Jahrhundert diente das noch erhaltene Gebäude als Säge- und Mehlmühle. Die dahinterliegende Schleusenanlage ist – man sieht es sofort – neu und wurde erst im Jahr 2000 saniert.

Oberförsterei Hammer

Landeswaldoberförsterei Hammer
15746 Groß Köris, OT Hammer
Tel: 033765 21780
Über Veranstaltungen informiert die Website: http://forst.brandenburg.de

Info

🚆	RE bis Königs Wusterhausen, dann Bus 725 bis Märkisch Buchholz
🅿	Parkplatz am Markt, rund um die Kirche
🗺	Kompass Wanderkarte Spreewald (Nr. 748)
🍴	Marktwirtschaft
Am Markt 17
15748 Märkisch Buchholz
Tel.: 0173-6072266
Gastronomie: von April bis Oktober; Zimmer ab 35 Euro (einfacher Standard)
ℹ	Tourismusverband Dahme-Seen e.V.
Bahnhofsvorplatz 5
15711 Königs Wusterhausen
Tel.: 033 75-25200; 252019
www.dahme-seen.de
✚	Tierarztpraxis Michael Winzig
Am Markt 8
15748 Märkisch Buchholz
Tel.: 033765-20075

TOUR
20

6 Seen – ein kleiner Berg mit Weitsicht bis Berlin – ein wunderbares kleines Dorf mit alter Gaststube

Durch die Köthener Heide mit den Kötern

Hundefreundlichkeit: „Wasserhunde" kommen hier voll auf ihre Kosten – ganze 6 Seen liegen am Weg, da ist jederzeit eine kurze Abkühlung möglich. Einschränkungen gibt es durch die vielen Haustiere im Dorf (Katzen), einige Angler an den Seen und das Pferdegestüt am Anfang (Am Pichersee). Zu Beginn und am Ende läuft man ein paar hundert Meter der Dorfstraße entlang.

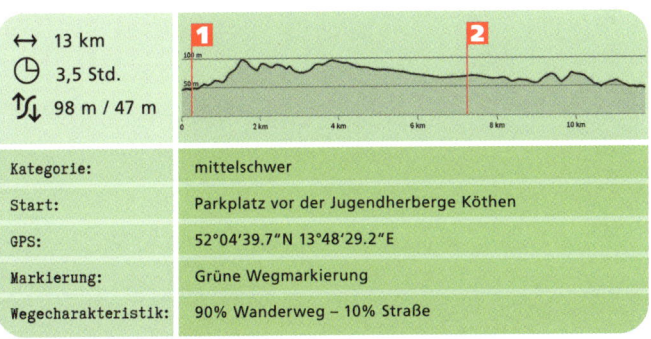

↔ 13 km
⏱ 3,5 Std.
↕ 98 m / 47 m

Kategorie:	mittelschwer
Start:	Parkplatz vor der Jugendherberge Köthen
GPS:	52°04'39.7"N 13°48'29.2"E
Markierung:	Grüne Wegmarkierung
Wegecharakteristik:	90% Wanderweg – 10% Straße

Am Dorfanger in Köthen gehen wir los, vom See weg. An der 1 Kreuzung mit der Infotafel (und weiterem Parkplatz) laufen wir links. Kurz danach liegen bereits ⚠ die Koppeln des Gestüts „Am Pichersee", in den 60er- und 70er-Jahren ein Entenmastbetrieb, später Reitstall für in der DDR akkreditierte Diplomaten und seit 2004 Gestüt. Der Weg gabelt sich nach rund 500 m. Rechts geht es zum Gestüt. Wir wandern weiter geradeaus bis sich der Weg erneut gabelt und wir links abbiegen – der Ausschilderung zum Pichersee folgend, den wir kurz darauf erreichen. Am Pichersee als auch dem danach folgenden Mittelsee trifft man auf den einen oder anderen Angler. Der Weg führt durch einen alten Mischwald, rechts glitzert das Wasser – wir passieren schließlich den Schwanensee – links wiegen die Baumkronen. An der darauf folgenden Kreuzung machen wir einen Abstecher zum Aussichtsturm auf dem Wehlaberg, von dem aus man bei gutem Wetter bis nach Berlin schauen kann.

Blick auf den Mittelsee

Wir gehen den etwas steileren Weg zurück bis zu der Kreuzung. Vom Wehlaberg kommend geht's dann links ca. 2 km bis der leicht schlängelnde Weg auf einen sehr breiten Weg stößt. Wir laufen rechts, die 2. Möglichkeit wieder rechts und immer geradeaus bis wir 2 auf den Weg stoßen, der nach Oderin führt. Dort rechts und rd. 500 m weiter erneut rechts. Dieser Weg führt vorbei am Großen Wehrigsee, Schiebingsee und schließlich am Triftsee bis wir wieder auf die Dorfstraße stoßen.

Info	
🚉	RE bis Königs Wusterhausen, dann Bus 725 bis Märkisch Buchholz, dann Bus 477 bis Köthen
🅿	Parkplatz vor der Jugendherberge Köthen
🗺	Kompass Wanderkarte Spreewald (Nr. 748)
🍴	Kühn's Gasthaus Dorfstraße 17 / OT Köthen 15748 Märkisch-Buchholz Tel./Fax: 033765-80520 www.kuehns-gasthaus.de
🛏	Jugendherberge Köthener See mit Zeltplatz Dorfstr. 20 15748 Märkisch Buchholz Tel: 033765-80555 Mail: jh-koethener-see@jugendherberge.de Mit Hunden kann man hier nur zelten, ab 12 Euro
ℹ	Tourismusverband Dahme-Seen Bahnhofsvorplatz 5 15711 Königs Wusterhausen Tel.: 03375-25200; 252019 www.dahme-seen.de
✚	Tierarztpraxis Michael Winzig Am Markt 8 15748 Märkisch-Buchholz Tel.: 033765-20075

Kurze Abkühlung für Otto

TOUR 21

Am Tor zum Spreewald – Wasser, Wasser, Wasser: entlang der Hauptspree und zahlreicher Teiche

Entlang der Hauptspree bei Hartmannsdorf (Spreewald)

Hundefreundlichkeit: Eine echte Wassertour, die Spaß macht. Entlang des Westufers der Hauptspree ist nur wenig los, lediglich Angler sind hier. Auf der östlichen Seite geht's zurück – diese Strecke ist identisch mit dem beliebten Spree-Radweg – in der Hauptsaison ist diese Tour deshalb nicht zu empfehlen.

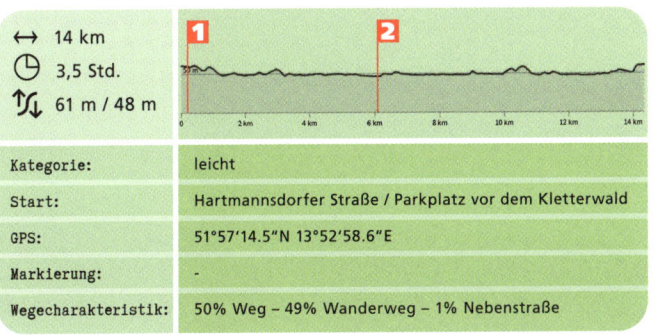

- ↔ 14 km
- ⏲ 3,5 Std.
- ↕ 61 m / 48 m

Kategorie:	leicht
Start:	Hartmannsdorfer Straße / Parkplatz vor dem Kletterwald
GPS:	51°57'14.5"N 13°52'58.6"E
Markierung:	-
Wegecharakteristik:	50% Weg – 49% Wanderweg – 1% Nebenstraße

Am Parkplatz vor dem **1** Kletterwald parken wir und wandern los, nehmen die erste Möglichkeit nach links (nach 100 m). Der Weg führt auf einen Wanderweg (gelbe Markierung), an dessen Ende wir nach rechts gehen und im Bogen an die Hauptspree gelangen, der wir nach links folgen. Der Weg verläuft immer geradeaus, wir überqueren eine alte Trasse der Schmalspurbahn und wandern für ca. 3 km am Ufer der Hauptspree bis **2** zur Schleusen- und Wehranlage Hartmannsdorf, die überquert wird. Von da an geht es auf der anderen Seite der Hauptspree zurück (**!** Fahrräder). In der Hochsaison ist hier viel los – also besser ab Herbst laufen. Wir wandern vorbei am Kranichteich, Birkenteich, Schäferteich und den Lachsluchen. Nach dem Lachsluch I macht der Weg nach links eine Biegung. Wir folgen dem Weg geradeaus bis zur Brücke. Dort links und zurück bis zum Kletterwald.

TOUR 21

Nord ↑

komoot, Kartendaten:
© OpenStreetMap-Mitwirkende,
CC-BY-SA

1 km

Moorteich

2

Fahrräder

Kranichteich

Schäfer-
teich

Lachsluch II

Lachsluch 1

Spree

Hartmannsdorf

1

Lübben

Kurz hinterm Kletterwald

Info

🚆	RE bis Lübben
🅿	Parkplatz am Kletterwald
🗺	Kompass Wanderkarte Spreewald (Nr. 748)
🍴	Gasthaus Lehnigksberg Lehnigksberg 1 15907 Lübben Tel.: 03546-229303 www.lehnigksberg.de
🛏	Hotel - Restaurant „Spreeblick" Gubener Straße 53 15907 Lübben Tel.: 03546-2320 www.hotel-spreeblick.de Zimmer ab 60 Euro (einfacher Standard)
ℹ	Spreewaldinformation Lübben Ernst-von-Houwald-Damm 15 15907 Lübben (Spreewald) Tel.: 03546-3090 www.tks-luebben.de
✚	Kleintierpraxis Dr. Harald Redlich Schillerstr. 5a 15907 Lübben Tel.: 03546-184307

Mitten im Spreewald – saftige Wiesen – typische Landschaften

Durch den Spreewald bei Burg

Hundefreundlichkeit: Die Tour ist großartig, aber eine Herausforderung: In der Hauptsaison absolut ungenießbar, weil zu viele Wanderer und Radfahrer den Weg kreuzen. Außerhalb ist es eine landschaftlich wunderbare Tour, bei der Hund und Mensch aber immer wieder auf die Probe gestellt werden: Wir sind mitten auf dem Land, da fährt dann mal ein Landwirt auf dem Fahrrad mit einem Gaul am Riemen an einem vorbei, es gibt Schafherden und diverse andere Nutztiere, ein Streichelzoo liegt auf dem Weg, der teils auch Radweg und Pferdetrasse ist – kurzum: nur was für besonders ruhige Hunde, die kein Problem haben, brav bei Fuß die Tour mitzulaufen.

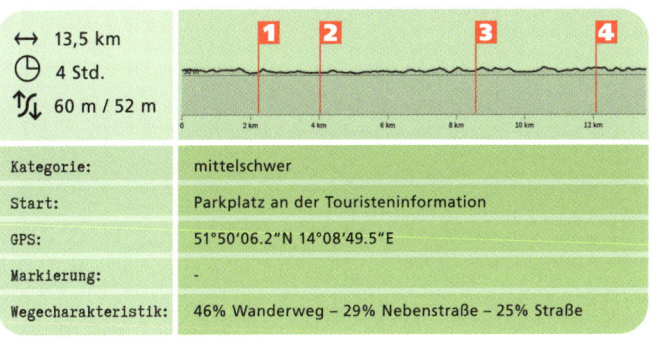

↔ 13,5 km
🕒 4 Std.
↕ 60 m / 52 m

Kategorie:	mittelschwer
Start:	Parkplatz an der Touristeninformation
GPS:	51°50'06.2"N 14°08'49.5"E
Markierung:	-
Wegecharakteristik:	46% Wanderweg – 29% Nebenstraße – 25% Straße

Vom Ausgangspunkt laufen wir die Ringchaussee stadtauswärts und biegen rechts in den Jugendherbergsweg ein, den wir ① bis zum Ende – dem Eingang zur Jugendherbergsgelände – laufen. Dort rechts abbiegen (hinter dem Sportplatz also) und dem Weg am Graben folgen. Er führt auf eine befahrene Straße, die auf die Bleichestraße führt. Dort rechts über die Brücke und sofort wieder links auf den ausgeschilderten Wander- und Radweg, vorbei an den Wiesen und einem Gestüt bis zur Weggabelung.

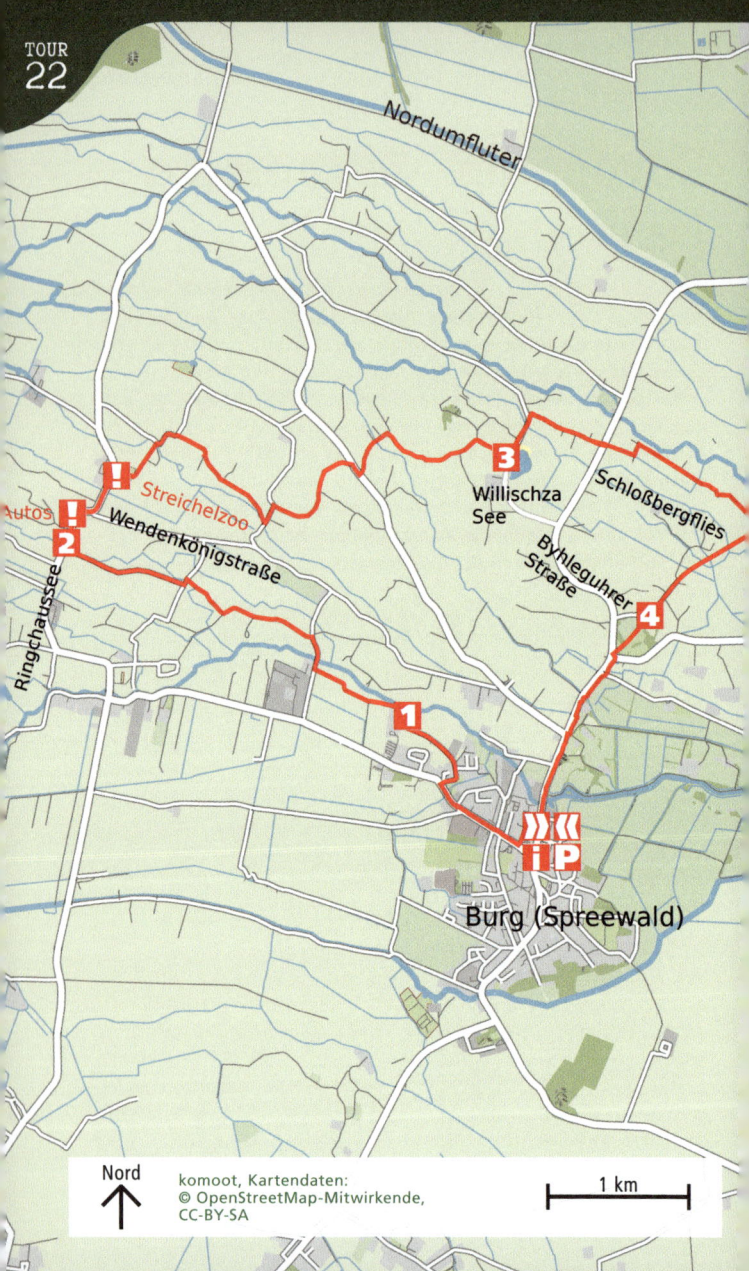

Hier rechts, dann wieder für einige km geradeaus bis zum Birkenweg, dann links und nach 50 m wieder rechts entlang des Erlkönigfließes. Wir stoßen 2 am Ende wieder auf die Ringchaussee, die wir rechts hochlaufen bis H zum Streichelzoo (ca. 500 m). Am Streichelzoo rechts rein und immer dem Weg und der Ausschilderung folgen (gelbe Markierung). Der Weg führt uns vorbei an Fließen, Feldern und Wiesen – eine sehr schöne Landschaft, die über Jahrhunderte den Sümpfen abgetrotzt worden ist und als variationsreiche Kulturlandschaft deshalb auch Weltnaturerbe ist. Wir stoßen erneut auf die Ringchaussee, überqueren sie, gehen in den Weg „An der Kleinen Spree" und folgen den Ausschilderungen bis zum 3 Willischza-See.

Links in den Willischzaweg bis das Schlossbergfließ kommt, danach rechts den kleinen Pfad entlang über die Byhleguhrer Straße hinweg für einige km geradeaus bis wir rechts auf den Schloßbergweg abbiegen, der uns am Ende zum 4 Bismarckturm führt. Der Hügel, auf der Turm steht, war ein bedeutender Kultort. Ausgrabungen verweisen auf Besiedlungen bis in die jüngere Steinzeit. Später befanden sich hier Wallanlagen und eine Burg. Von dort sind es noch rd. 2 km zurück auf dem Wander- und Radweg neben der Byhleguhrer Straße bis nach Burg.

Altes Spreewald-Häuschen

Info

H	RB bis Lübben, dann Bus 500 bis Burg (Touristeninformation/Am Hafen)
P	An der Touristeninformation/Ringchaussee
🗺	Kompass Wanderkarte Spreewald (Nr. 748)
🍴	Hotel & Restaurant „Zum Leineweber" Am Waldrand 03096 Burg (Spreewald) Tel.: 035603-640 www.zum-leineweber.de
i	Touristinformation im Haus des Gastes Am Hafen 6 03096 Burg (Spreewald) Tel.: 035603-750160 Mail: info@BurgimSpreewald.de www.burgimspreewald.de
✚	TA Michael Thiem Kraftwerkstrasse 11b 03226 Vetschau Tel.: 035433-592825

Schluchten so tief wie die Hölle und Aussichtspunkte so hoch wie der Himmel – die Schlaube, Mühlen und Seen – Wildromantik in Brandenburg

Schlaubetal I – Großer Treppelsee

Hundefreundlichkeit: Das Schlaubetal ist eine der schönsten Wandergegenden in Brandenburg – für uns einer der Höhepunkte bei den Recherchen. In der Hauptsaison gibt es einige Hotspots wie auch den Großen Treppelsee, an dem schon einiges los sein kann. Von Herbst bis Frühjahr dagegen eine der besten Touren, viel Wasser, nur am Ausgangspunkt einige Meter entlang der Straße, ein paar Angler – mehr nicht.

↔ 10 km
⏲ 2,5 Std.
↕ 89 m / 54 m

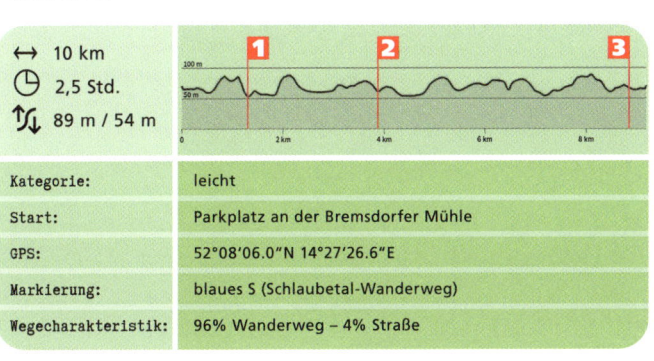

Kategorie:	leicht
Start:	Parkplatz an der Bremsdorfer Mühle
GPS:	52°08'06.0"N 14°27'26.6"E
Markierung:	blaues S (Schlaubetal-Wanderweg)
Wegecharakteristik:	96% Wanderweg – 4% Straße

Eine Tourenbeschreibung könnte man sich hier fast sparen – so gut ist alles ausgeschildert mit dem blauen S für den Schlaubetal-Wanderweg rund um den Großen Treppelsee. Vom Parkplatz gehen wir im Uhrzeigersinn zunächst **1** am steilen Westufer des Sees entlang. Am Ende des Sees laufen wir rechts, überqueren **2** die Schlaube am Zufluss zum See und wandern weiter entlang des Ufers durch einen abwechslungsreichen Buchen-, Eichen- und Kiefernwald, Erlenbrüche.

Der Weg führt uns zurück bis zur Landstraße, vorbei an der Jugendherberge und der **3** Bremsdorfer Mühle, die unbedingt einen Besuch wert ist – sie ist die älteste der Mühlen im Schlaubetal und bietet sehr gutes Essen, von hausgemachten Hefeklößen bis hin zu Pilz- und deftigen Fleischgerichten.

Die Schlaube fließt in den Treppelsee

Bremsdorfer Mühle

1520 wurde die Mühle erbaut. Über Jahrhunderte war sie in Besitz verschiedener Familien. Das jetzige Gebäude stammt aus dem frühen 19. Jahrhundert und ist ein recht einfaches, aber anheimelndes Gebäude und mit dem noch vorhandenen Mühlrad sehenswert. Nach dem Krieg wurde hier eine Gaststätte eingerichtet. Als solche wird die Mühle bis heute genutzt.

Am Westufer – ein Hinweis auf nachhaltige Waldbewirtschaftung in Brandenburg

Info

🅷 RE bis Frankfurt/Oder, dann RB bis Grunow, dann Bus 400 bis Bremsdorfer Mühle

🅿 Parkplatz an der Bremsdorfer Mühle

🗺 Kompass Wanderkarte Schlaubetal (Nr. 741)

🍴 Gasthaus Bremsdorfer Mühle
Bremsdorfer Mühle 2
15890 Schlaubetal OT Bremsdorf
Die Jugendherberge akzeptiert leider keine Hunde. Auf dem gegenüberliegenden Campingplatz sind Hunde erlaubt.

ℹ Naturparkverwaltung Schlaubetal
15898 Neuzelle OT Treppeln
Tel.: 033673-422
www.schlaubetal-online.de

✚ Tierärztliche Gruppenpraxis Beierlein + Dr. Sradnick
Chopinring 25a
15890 Eisenhüttenstadt
Tel.: 03364-732668

TOUR 24

Die Forstsetzung der Wildromantik in Brandenburg – unterwegs im ruhigeren Teil des Schlaubetals

Schlaubetal II – Bremsdorfer Mühle

Hundefreundlichkeit: Der untere Teil des Schlaubetals ist ruhiger und nicht so populär wie der nördliche Teil. Ein Plus bei Hundewanderungen. Kaum Einschränkungen, an der Kieselwitzer Mühle liegen einige Wohngebäude und werden die Teiche zur Fischzucht genutzt, ansonsten Natur pur

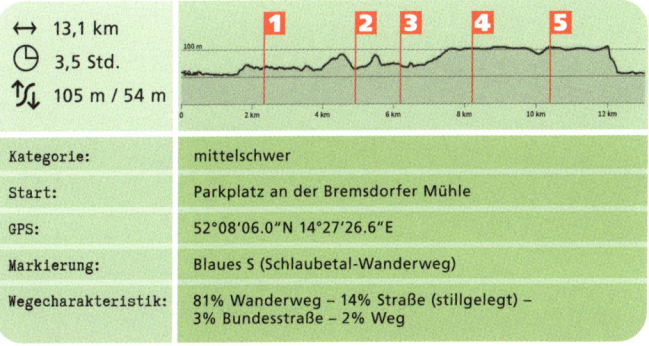

↔ 13,1 km
⏲ 3,5 Std.
↕ 105 m / 54 m

Kategorie:	mittelschwer
Start:	Parkplatz an der Bremsdorfer Mühle
GPS:	52°08'06.0"N 14°27'26.6"E
Markierung:	Blaues S (Schlaubetal-Wanderweg)
Wegecharakteristik:	81% Wanderweg – 14% Straße (stillgelegt) – 3% Bundesstraße – 2% Weg

Erneut starten wir an der Bremsdorfer Mühle, hinter der der Wanderweg losgeht. Wir laufen immer geradeaus entlang der Schlaube, die an manchen Stellen geradezu versumpft, an anderen Stellen ein fließendes Gewässer ist. Während links vom Weg die Schlaube liegt, geht es rechts meist steil die Hänge empor. Nach 1 km kann man **1** einen Abstecher zum Jakobsee machen (rechts hoch) – ansonsten laufen wir weiter bis wir in Schlängellinien und sanftem Auf und Ab **2** bis zur Kieselwitzer Mühle kommen.

Dort nach links, wir wechseln die Seite damit und laufen nun an der östlichen Seite der Schlaube weiter. Das Kesselfließ mit der kleinen Mühlenattrappe fließt von links in die Schlaube.

Danach geht es noch ca. 1 km weiter, eh wir **3** den Abzweig nach rechts nehmen, die Schlaube wieder überqueren und uns auf den Rückweg begeben. Zunächst noch unten im Schlaubetal. Wir wandern in Richtung Ziskensee, drehen aber vorher ab und steigen den Weg hoch bis

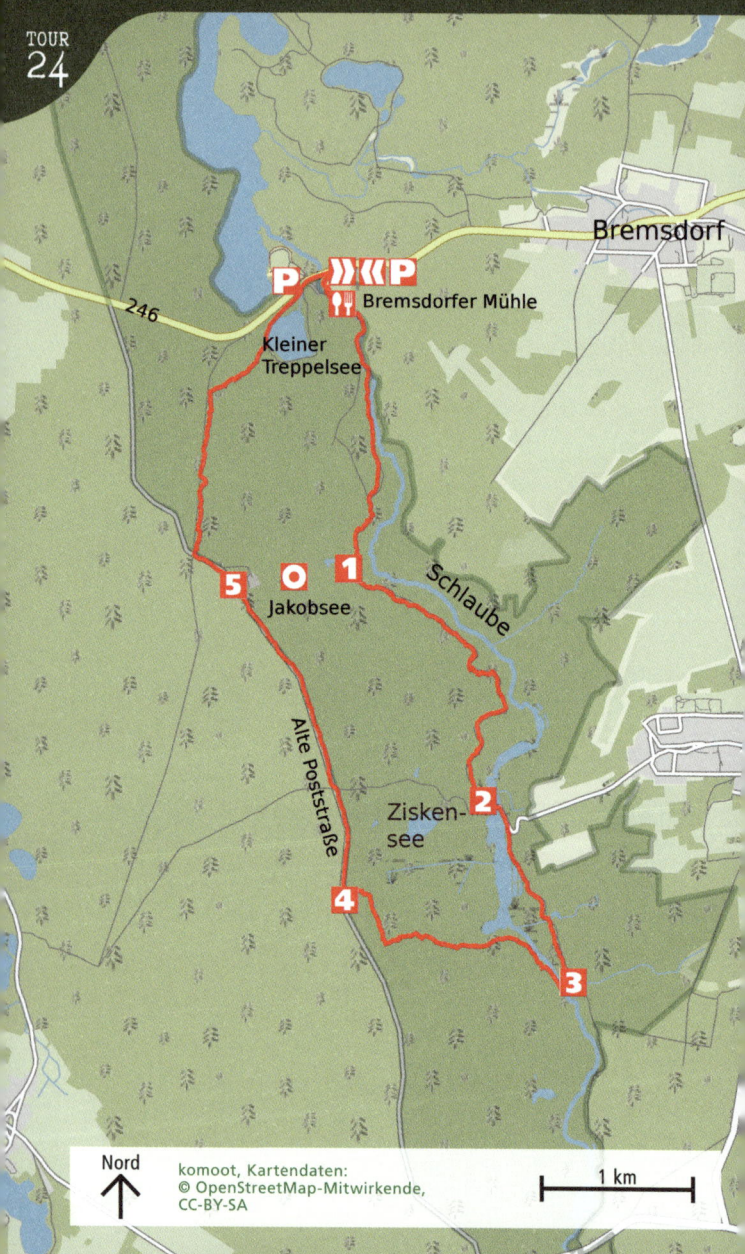

Blick von der Kieselwitzer Mühle aus

zur 4 alten Poststraße, die mit alten Kopfsteinen etwas beschwerlich zum Laufen ist – an den Rändern der Straße, die nicht befahren ist, lässt es sich aber fröhlich wandern. Kurz nach dem 5 Forsthaus Jakobsee nehmen wir die 2. Möglichkeit nach rechts und laufen immer geradeaus bis zur Landstraße, nur ein kleines Stück vor der Bremsdorfer Mühle.

Ein Steinpilz im Schlaubetal

Info	
🅷	RE bis Frankfurt/Oder, dann RB bis Grunow, dann Bus 400 bis Bremsdorfer Mühle
🅿	Parkplatz an der Bremsdorfer Mühle
🗺	Kompass Wanderkarte Schlaubetal (Nr. 741)
🍴	Gasthaus Bremsdorfer Mühle Bremsdorfer Mühle 2 15890 Schlaubetal OT Bremsdorf Die Jugendherberge akzeptiert leider keine Hunde. Auf dem gegenüberliegenden Campingplatz sind Hunde erlaubt.
ℹ	Naturparkverwaltung Schlaubetal 15898 Neuzelle OT Treppeln Tel.: 033673-422 www.schlaubetal-online.de
✚	Tierärztliche Gruppenpraxis Beierlein + Dr. Sradnick Chopinring 25a 15890 Eisenhüttenstadt Tel.: 03364-732668

Westen

TOUR 25

Mitten im Naturpark Westhavelland – zu den Niederungen der Unteren Havel – 3 Berge im Flachland

3-Berge-Tour im Milower Land

Hundefreundlichkeit: **Am Startpunkt läuft man die Bergstraße einige Meter lang, hier können ab und an Autos verkehren; nach dem „Schönen Blick" auf dem Milower Berg kehrt man zurück auf die Bergstraße und läuft ca. 15 Minuten der Straße nach, an der aber nur wenige Häuser liegen. Die meisten Bewohner halten sich Hunde auf ihrem Grundstück, hier kann es zu Bellereien kommen, insbesondere am letzten Gehöft in der Bergstraße (hier auch Pferde und anderes Getier, teils freilaufend) ansonsten gibt es Wasserzugang (Nebenarme der Havel), aber auch einige Tümpel. Insgesamt sehr ruhig bis menschenleer in der Nebensaison und im Winter.**

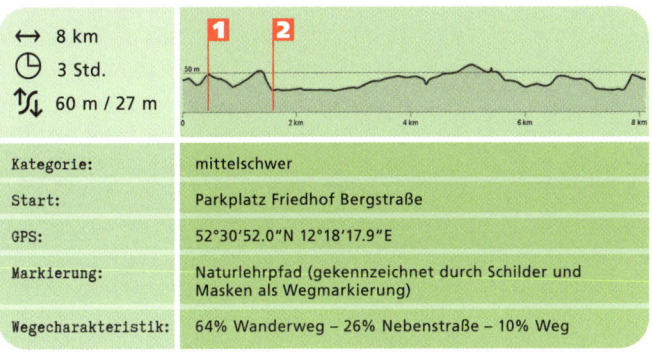

↔ 8 km
🕒 3 Std.
↕ 60 m / 27 m

Kategorie:	mittelschwer
Start:	Parkplatz Friedhof Bergstraße
GPS:	52°30'52.0"N 12°18'17.9"E
Markierung:	Naturlehrpfad (gekennzeichnet durch Schilder und Masken als Wegmarkierung)
Wegecharakteristik:	64% Wanderweg – 26% Nebenstraße – 10% Weg

Selbst wer lediglich im Mittelgebirge zuhause ist, könnte die drei knapp 70 bis 86 Meter hohen „Berge" von Milow, Vieritz und Bützer wohl nicht wirklich ernst nehmen. Aber für Brandenburgische Verhältnisse ist das schon mal eine Hausnummer und weite Aussichten hat man nicht überall. Die gibt es jedoch von diesen 3 Bergen, die eiszeitliche Kuriositäten sind.

Man parkt sein Auto am Milower Friedhof in der Bergstraße. Nur einige wenige Meter weiter folgt man den Schildern Richtung Gipfel. Über einen schmalen Pfad geht's zur ersten (und schönsten) **1** Aussicht dieser Tour. Nach knapp 10 Minuten lohnt sich schon mal eine erste Pause, manch einer mag bei dem Anstieg tatsächlich schon mal ins Schwit-

zen kommen. Entweder laufen wir anschließend den gleichen Weg zurück zur Bergstraße oder suchen den (mittlerweile zugewachsenen) Weg, der hinter den Bänken herführt – und ebenfalls in der Bergstraße mündet. ⚠ Achtung: hier fahren Autos. Wir überqueren die 2 Stremme (kleiner Fluss) und folgen der Straße (nun unter dem Namen Wolfsmühle) bis zu den nächsten beiden Bergen und dem kleinen Waldgebiet.

Am Anfang des Waldgebiets sind eine Übersichtskarte sowie Hinweisschilder zu finden. Wir laufen im Uhrzeigersinn einmal rund um die beiden Berge. Meist ist der Weg identisch mit dem Naturlehrpfad – jedoch gibt es Abweichungen. Übrigens lohnt ein Aufstieg den den anderen beiden Bergen nicht wirklich: Es gibt keine weiteren Aussichten. Auch die Schilder zu den slawischen Hügelgräbern klingen verheißungsvoll, führen aber auch nicht mehr als zu überwachsenen Hügeln. Sehr unscheinbar, aber dennoch spannend, bedeutet deren Vorhandensein, dass slawische Stämme die Berge schon vor Jahrhunderten als rituelle Orte verstanden und sie Nachweis frühester Besiedlung in Brandenburg sind. Wir umkreisen den Vieritzer Berg, dann den kleineren Bützer Berg. Rechts von uns liegt somit immer der ansteigende Wald, links verlaufen die Hauptstremme und einige ⚠ Gräben, die jedoch ziemlich stinkendes Gewässer in sich führen.

Blick ins Milower Land

Info

🚌	Mit dem Regionalexpress nach Rathenow, dann Regionalbahn bis Premnitz Nord, 2 Minuten Fußweg bis Busbahnhof Nordbahnhof, dort den Bus Richtung Milower Land nehmen, in Milow Haltestelle Friedensstraße aussteigen, 1.45 Std. Fahrtzeit
🅿	Parkplatz am Friedhof in der Bergstraße (kostenfrei)
🗺	Kompass Wanderkarte Havelland (Nr. 745)
🍴	Gasthof Milow Stremmestr. 9 14715 Milow www.gasthofmilow.com
🛏	Jugendherberge Milow - Carl Bolle Friedensstraße 21 in 14715 Milower Land, Ortsteil Milow Tel. 03386-280361 www.jugendherberge.de Hunde sind in dieser JH erlaubt (5 Euro Aufpreis)
ℹ	NaturparkZentrum Westhavelland (im alten Gutshof) Stremmestraße 10 14715 Milower Land OT Milow Tel.: 03386-211227 www.nabu-westhavelland.de/naturparkzentrum-westhavelland
✚	TA Bernd Lößner Rosa-Luxemburg-Straße 19 14727 Premnitz Tel.: 03386-280678

TOUR 26

eiszeitliches Gletscherzungenbecken –
leichte Höhenzüge – Erlen- und Kiefernwälder

Ins Marzahner Fenn

Hundefreundlichkeit: Rund die Hälfte des Wegs verläuft an landwirtschaftlich genutzten Feldern vorbei – zur Erntezeit wird man deshalb hier keine Freude haben. Ab Herbst bis Sommer hat man aber seine Ruhe. Ansonsten keine Einschränkungen mit Hund.

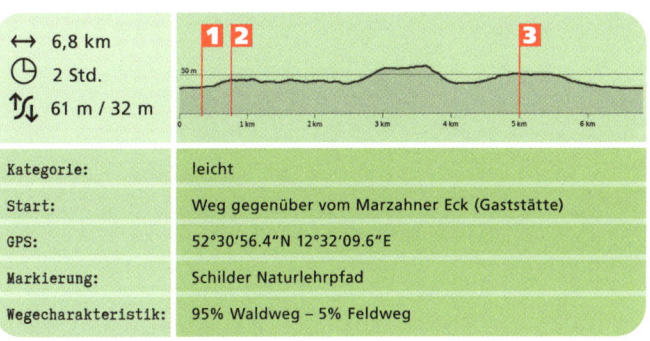

↔ 6,8 km
⏱ 2 Std.
↕ 61 m / 32 m

Kategorie:	leicht
Start:	Weg gegenüber vom Marzahner Eck (Gaststätte)
GPS:	52°30'56.4"N 12°32'09.6"E
Markierung:	Schilder Naturlehrpfad
Wegecharakteristik:	95% Waldweg – 5% Feldweg

Das Marzahner Fenn ist eine der geologisch interessanten Landschaften: Das Fenn ist ein Gletscherzungenbecken, eine Niederung, die man weit überblicken kann, durchzogen von Heide, Mooren, Feucht- und Nasswiesen. Unsere Tour startet in Marzahne (slawisch: Sumpf, aber was leitet sich bei brandenburgischen Ortsnamen ethymologisch nicht von Worten ab, die irgendwas mit Moor, Sumpf und Feuchtgebieten zu tun haben?). Wir gehen am Feld entlang vorbei an der **1** Tierfilmschule, zunächst noch (mit gehörigem Abstand) parallel zur Landstraße Richtung Waldgebiet. Am **2** Waldrand leiten uns die Schilder zum Naturlehrpfad, dem wir nach links folgen, immer geradeaus, bis wir an den Rand des Fenns gelangen. Der ausgeschilderte Weg des Naturlehrpfads schlängelt sich entlang des Fenns, führt uns wieder in den Wald und im Bogen zurück an den Rand des Fenns, das übrigens bekannt dafür ist, dass hier eine erstaunlich große Anzahl von gefährdeten Tieren und Pflanzen vorkommt, darunter Fischadler und Ringelnattern – aber keine Angst, die verstecken sich ganz gut vor Zwei- und Vierbeinern. In das Fenn kann man sowieso schlecht hineinwandern. Unsere

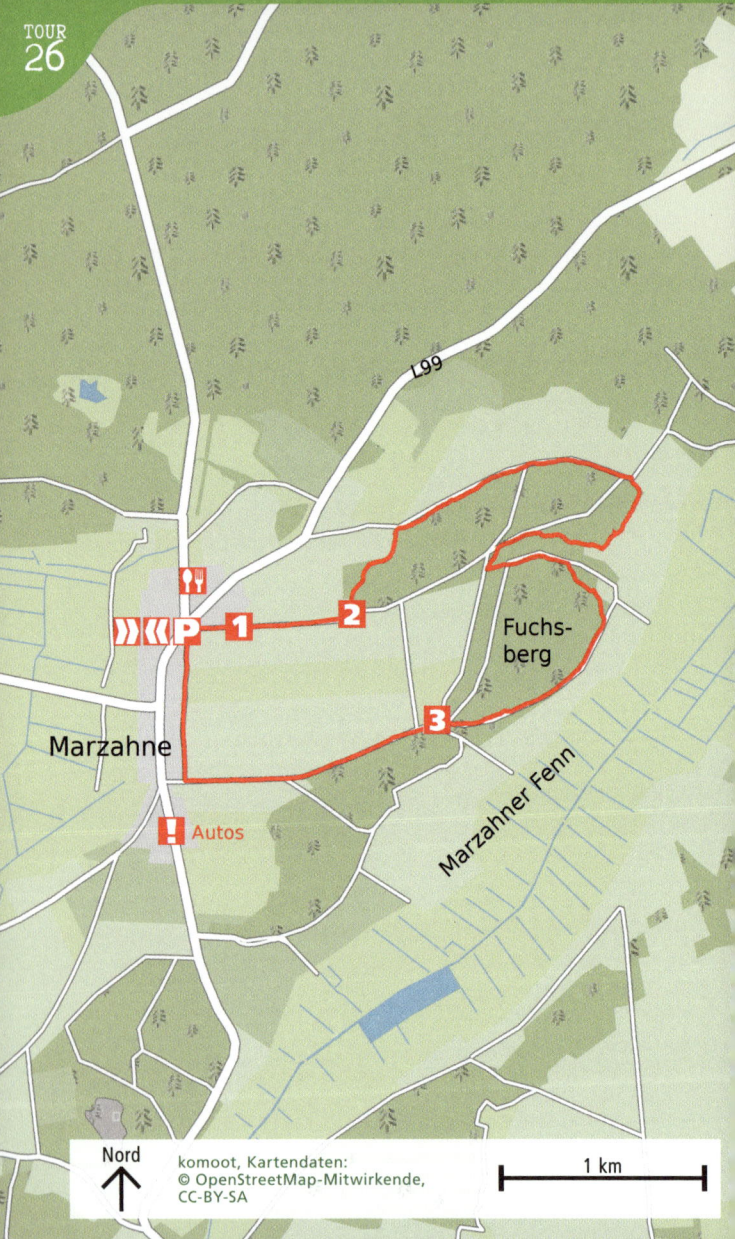

Farbtupfer am Wegesrand

Tour am Rande des Fenns, leicht erhöht, bietet schon den besten Blick auf das Naturschutzgebiet und besticht eben durch die Waldabschnitte und die weiten Blicke ins Fenn.

Der Weg führt **3** am Ende, aus dem Wald kommend, wieder vom Fenn weg nach Marzahne. Kurz vor der Dorfstraße biegen wir rechts ab und laufen hinter den Gärten der Häuser zurück zum Ausgangspunkt.

Auf dem Rückweg Richtung Mahrzahne

Info	
🚉	RE 83975 bis Nauen, dann Bus 660 bis Päwesin, dann Bus 558 bis Alter Bahnhof Roskow
🅿	gegenüber von der Gaststätte „Marzahner Eck"
🗺	Kompass Wanderkarte Havelland (Nr. 745)
🍽	Gaststätte „Marzahner Eck". Marzahner Straße 50, 14798 Havelsee, Tel.: 033834-50841
🛏	Haus am Mühlenberg Heerstr. 22 14798 Havelsee OT Hohenferchesar Tel.: 033834-52309 www.landhaus-am-muehlenberg.de
ℹ	Stadt Havelsee Havelstraße 4 14798 Havelsee OT Pritzerbe Tel.: 033834-50279 (jeden Dienstag von 15 – 18 Uhr) www.havelsee.de
✚	TA Bernd Lößner Rosa-Luxemburg-Straße 19 14727 Premnitz Tel.: 03386-280678

Viel Wasser fast wie an der Ostsee – satt-grüne Deiche – weit-schweifende Blicke

Deichwanderung entlang der Havel

Hundefreundlichkeit: Am Anfang laufen wir auf einem Radwanderweg – bei gutem Wetter im Sommer begegnet man dem einen oder anderen Radfahrer. Im September sind wir die Tour das letzte Mal an einem Samstag gegangen: Es war sonst kein Mensch unterwegs. Am Ende der Tour kehrt man nach Roskow zurück – hier bleibt der Weg entlang der Dorfstraße nicht erspart, aber es sind nur rd. 500 m. Die Strecke entlang der Havel ist gerade für Wasserhunde traumhaft.

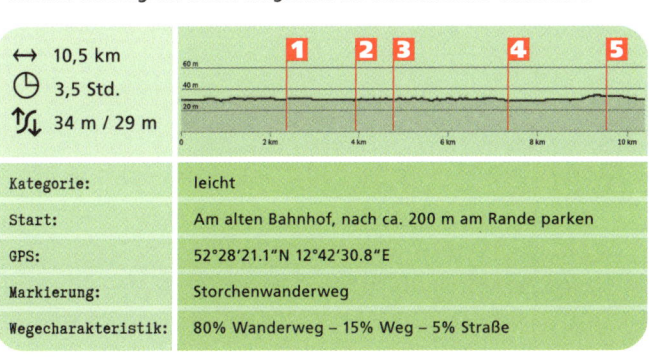

↔ 10,5 km
⏱ 3,5 Std.
↕ 34 m / 29 m

Kategorie:	leicht
Start:	Am alten Bahnhof, nach ca. 200 m am Rande parken
GPS:	52°28'21.1"N 12°42'30.8"E
Markierung:	Storchenwanderweg
Wegecharakteristik:	80% Wanderweg – 15% Weg – 5% Straße

Bei dieser Tour bekommt man definitiv ein nordisches Feeling. Die Tour ist eine schöne Abwechslung zu den Wanderungen durch Wälder und Heidelandschaft, die man sonst v.a. hat. Hier gehen wir über Deiche am Ufer der Havel entlang – mit weitem Blick, tiefem Atem. Das ist fast so gut wie an der Ostsee hier. Anlaufpunkt ist Roskow. Gleich hinter dem alten Bahnhof geht's rein zum Parken. Die Straße (Am alten Bahnhof) führt nach 200 m auf den ausgeschilderten Fahrrad- und Wanderweg (Storchenweg). Dieser Weg verläuft auf dem alten Bahndamm, weshalb er wie mit dem Lineal gezogen durch die Landschaft führt – bis **1** Weseram, wo wir die kaum befahrene Dorfstraße passieren. Auf der gegenüberliegenden Seite geht's weiter (siehe auch Hinweisschilder Richtung Brandenburg an der Havel/Saaringen).

Am Anfang dieser Strecke liegen noch Häuser links und rechts bis es immer einsamer wird und wir auf den

TOUR
27

Schloss Roskow

2 Deich stoßen. Geradeaus lockt eine kleine Allee, die bis zum Ufer führt – der Weg entlang des Ufers ist danach allerdings zugewachsen. Deshalb: Wir laufen nach links auf dem Deich. Die **3** kleine Schleusenanlage kommt – wir gehen danach rechts weiter Richtung Wasser. Und von nun an brauchen Sie nichts weiter zu tun, als dem Deichverlauf zu folgen.
! Auf den Wiesen hinter dem Deich weiden Kühe.

Nach ca. 2 km biegt der Weg leicht nach links und führt zu einer weiteren **4** Schleusenanlage. Daneben liegt ein einsames weißes Wohnhaus. Hier haben Sie nun die Möglichkeit geradeaus weiter zu gehen. Dann kommen Sie zurück nach Roskow (rd. 10,5

Kulturschloss Roskow

Um das Jahr 1650 wurde in Roskow bei Brandenburg erstmalig ein Schloss erwähnt. Die heutige zweigeschossige Dreiflügelanlage ist in den Jahren 1723 bis 1727 für die Familie v. Katte neu errichtet und dann von 1880 bis 1890 weiter umgebaut worden. Aus der Familie Katte entstammte auch der Jugendfreund des späteren Königs Friedrich II., Hans Hermann von Katte, den Friedrichs Vater hinrichten ließ – vor den Augen Friedrichs. Angeblich hatten beide eine Beziehung. Das Richtschwert befand sich bis 1945 noch im Schloss und kam über Umwege dann ins Stadtmuseum nach Brandenburg a. d. Havel. In der Zeit nach 1945 wurde das Schloss erst von der sowjetischen Besatzung, dann als Flüchtlingsunterkunft und zuletzt von der Gemeinde als Schulgebäude genutzt. Seit 2010 gibt es das „Kulturschloss Roskow". Kunst, Kultur und private Feiern lautet das Konzept. Ein Privatmann hatte das Schloss gekauft und betreibt es wohl als Liebhaberei als offenen Kulturort.

TOUR 27

Auf'm Deich an der Havel

Werbung

FUNCTIONAL STUFF
www.annyx.de

Hinterm Deich an der Havel bei Roskow

km). Wenn Sie aber noch Energie haben und alles geben wollen, gehen Sie kurz vor dem Haus nach rechts entlang an dem kleinen Kanal. Dieser Weg führt wieder direkt zum Wasser. Kilometerlang können Sie am Ufer der Havel weiterlaufen – bis nach Brückenkopf. Der Weg dorthin ist allerdings sehr weit (weitere 12 km) – zu viel für eine Tagestour. Kürzen Sie die lange Variante deshalb ab und laufen Sie nach Gutenpaaren. Dort gehen Sie nach links zurück bis Roskow. Allerdings: Die Landstraße bietet teils keine Fußwege, man geht auf der Straße. Oder Sie nehmen den Bus (der kommt allerdings nicht allzu regelmäßig!). Welche Variante Sie auch wählen: In Roskow haben Sie sich eine Pause verdient. Das 5 alte Schloss ist als Kulturort umgenutzt. Im Sommer finden hier Ausstellungen statt, dann gibt es im Schlossgarten auch Kaffee und Kuchen. Ansonsten gibt es das gegenüberliegende Sportlerheim, eine Gaststätte. Schöner ist es allerdings im nahegelegenen Brandenburg, in der Altstadt finden sich eine ganze Reihe von guten Restaurants.

Info

🚉	RE 83975 bis Nauen, dann Bus 660 bis Päwesin, dann Bus 558 bis Alter Bahnhof Roskow
🅿	Am alten Bahnhof
🗺	Kompass Wanderkarte Havelland (Nr. 745)
🍴	Inspektorenhaus Altstädtischer Markt 9 14770 Brandenburg a. d. Havel Tel: 03381 -327474 www.inspektorenhaus.de
🛏	Schloss Plaue Schlossstrasse 27 a 14774 Brandenburg an der Havel Tel.: 03381-285360 www.schlossplaue.de Zimmer ab 65 Euro (schönes Gelände, viel Platz)
ℹ	Tourismusverband Havelland e.V. Schloss Ribbeck Theodor-Fontane-Straße 10 14641 Nauen OT Ribbeck Tel.: 033237-859030 www.havelland-tourismus.de
✚	Tierarztpraxis Dr. Schwarz Deutsches Dorf 47 14776 Brandenburg an der Havel Tel.: 03381-4106016

Künstliche Berglandschaft durch alte Tongruben – urwaldhaft – eine andere Welt

Glindower Alpenglühen

Hundefreundlichkeit: Abschnittsweise sehr morastig, die Wege und Treppen sind etwas schmal – bei Gegenverkehr müssen die Vierbeiner schon gesittet aneinander vorbeigehen. Da man die Tour am Ende um einen Abstecher an den nahen Glindower See ergänzen kann, ist aller Dreck dann schnell wieder weg. Am Ziegeleimuseum begegnet man einigen Besuchern und Gruppen.

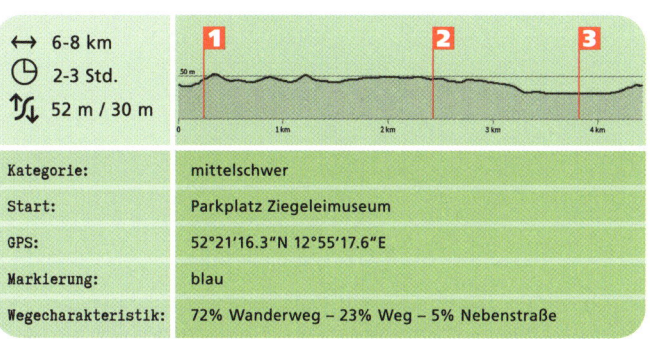

↔ 6-8 km
⏲ 2-3 Std.
↕ 52 m / 30 m

Kategorie:	mittelschwer
Start:	Parkplatz Ziegeleimuseum
GPS:	52°21'16.3"N 12°55'17.6"E
Markierung:	blau
Wegecharakteristik:	72% Wanderweg – 23% Weg – 5% Nebenstraße

Es ist eine andere Welt, in die man in den Glindower Alpen eintaucht. Der Name ist zwar etwas irreführend, und natürlich hinkt jeder Vergleich, aber für die hiesigen Begebenheiten geht es schon einigermaßen bergig und kraxelig zu. Während man sonst in Brandenburg oft nur trockenen Kiefernwäldern begegnet, warten hier kühle Schluchten, Anstiege und etliche Kleingewässer. An den Hängen der bis zu 40 m tiefen Schluchten, die über Jahrhunderte beim Tonabbau entstanden sind, steht heute ein Mischwald aus Berg- und Spitzahorn, Hainbuche, Winterlinde, Esche, Rotbuche und Robinie, abgeholzt wird kaum etwas. Moose und Flechten verdichten den Wald, am Rande der Alpen stolpert man über Dünen und Trockenrasen. Außergewöhnlicher geht's also kaum.

Wir starten vom Ziegeleimuseum aus und gehen Richtung **1** Belvedere. Dort folgen wir dem Weg mit der blauen Markierung. In zwei großen Bögen durchwandern wir die Alpen, kommen automatisch zu den beeindruckenden Schluchten, die über Holztreppen erreichbar sind. In

den Schluchten kann man schon einmal von unten den Eindruck gewinnen, dass drum herum alles alpenhaft in die Höhe schießt. Aber: Es sind ja nur 40 m maximal. Der Eindruck einer Bergwelt entsteht nicht durch die Höhe der Landschaft, sondern die Tiefe der ehemaligen Tongruben. Die Strecke kann man nach ca. 3,5 km beenden und an der 2 Weggabelung nach links zurück zum Ziegeleimuseum wandern.

Wer 10 km gut schafft, geht rechts und dann über den Forstweg gerade aus, dann zweimal links und im Bogen ebenfalls zurück zum Ziegeleimuseum. Allein wegen des großen Kontrasts der Natur lohnt ein kleiner Abstecher zum 3 Glindower See (5 Min. weg). Hier können die outdoorerprobten Vierbeiner auch nochmal kurz ins Wasser springen – der eine oder andere wird vorher evtl. eine der zahlreichen Suhlgelegenheiten wahrgenommen haben… Insgesamt eine sehr zauberhafte Tour!

Kein wirkliches Alpenglühen in den Glindower Alpen – aber trotzdem schön

Märkisches Ziegeleimuseum Glindow

Die Ausstellungen beschreiben nicht nur den technologischen Prozess der Ziegelherstellung, sondern veranschaulichen die Geschichte des Glindower Ziegelgewerbes, von dem seit 1462 verbrieften Tonabbau bis zur heutigen Wiederbelebung fast vergessenen handwerklichen Knowhows.
Alpenstrasse 44, 14542 Werder (Havel) OT Glindow, Tel.: 03327-669395, www.ziegeleimuseum-glindow.de

Info

H	S7 bis Potsdam, dann Bus 631 bis Moosfennstr., Werder (Havel), dann Bus 633 bis Glindow Alpenstr.
P	Am Ziegeleimuseum
	Kompass Wanderkarte Havelland (Nr. 745)
	Hotel am Markt (mit Restaurant) Baderstraße 19 14542 Werder Tel.: 03327-7419979 www.hotel-am-markt-werder.de Zimmer ab 65 Euro (guter Standard)
i	Tourismusbüro Werder Kirchstrasse 6/7 14542 Werder (Havel) Tel.: 03327-783371 www.werder-havel.de
+	Tierärzte am Werderpark GbR Marktstr. 1b/c 14542 Weder Tel.: 03327-5745002

Ein sauberer Bachlauf – Weiden und dunkle Wälder

Vom Nieplitztal zum Köterberg

Hundefreundlichkeit: Das Nieplitztal war auch bei gutem Wetter im August nicht überlaufen. Am Anfang läuft man entlang von Weideflächen – Achtung Kühe. Zur Hälfte der Tour kommt man kurz auf die Straße, eh man auf die andere Seite der Nieplitz wechselt. Ansonsten sehr stressfrei.

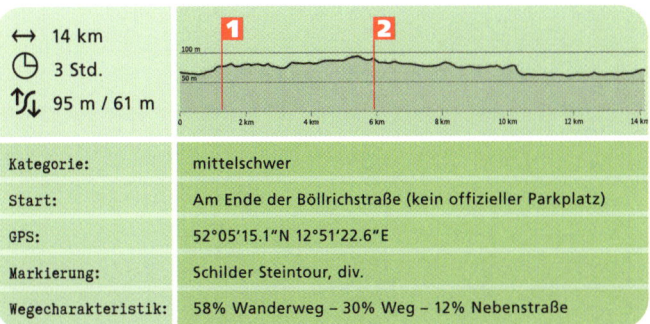

↔ 14 km
⏲ 3 Std.
↕ 95 m / 61 m

Kategorie:	mittelschwer
Start:	Am Ende der Böllrichstraße (kein offizieller Parkplatz)
GPS:	52°05'15.1"N 12°51'22.6"E
Markierung:	Schilder Steintour, div.
Wegecharakteristik:	58% Wanderweg – 30% Weg – 12% Nebenstraße

Das Nieplitztal bei Treuenbrietzen ist ein kleiner Geheimtipp. Die Anfahrt ist zwar etwas länger – aber es lohnt sich. Zu Beginn laufen wir ❗ noch entlang von Weideflächen, tauchen dann aber nach ca. 1 km ins Nieplitztal ein. Wir passieren etliche Teiche, zunächst **1** Spahns Teich, der etwas moderig ist. Wir folgen den Ausschilderungen „Nieplitztal", die zumindest am Anfang sehr gut leiten. Später gibt es eine verwirrende Fülle von alten und neuen Wegmarkierungen. Unser Orientierungspunkt bleibt die Nieplitz, an der wir entlangwandern bis zur Waldgaststätte Zur alten Eiche (unser Tipp). Dort überqueren wir die **2** Nieplitz und wandern auf der östlichen Seite auf dem Hermann-Löns-Weg zurück bis nach Treuenbrietzen – diese Teilstrecke ist teils auch befahren. Wer das vermeiden will, geht den gleichen Weg zurück – und kann vielleicht auf der westlichen Nieplitzseite auch noch einen **3** Abstecher zum Köterberg machen. Auf dem Weg liegen einige wirklich große Findlinge.

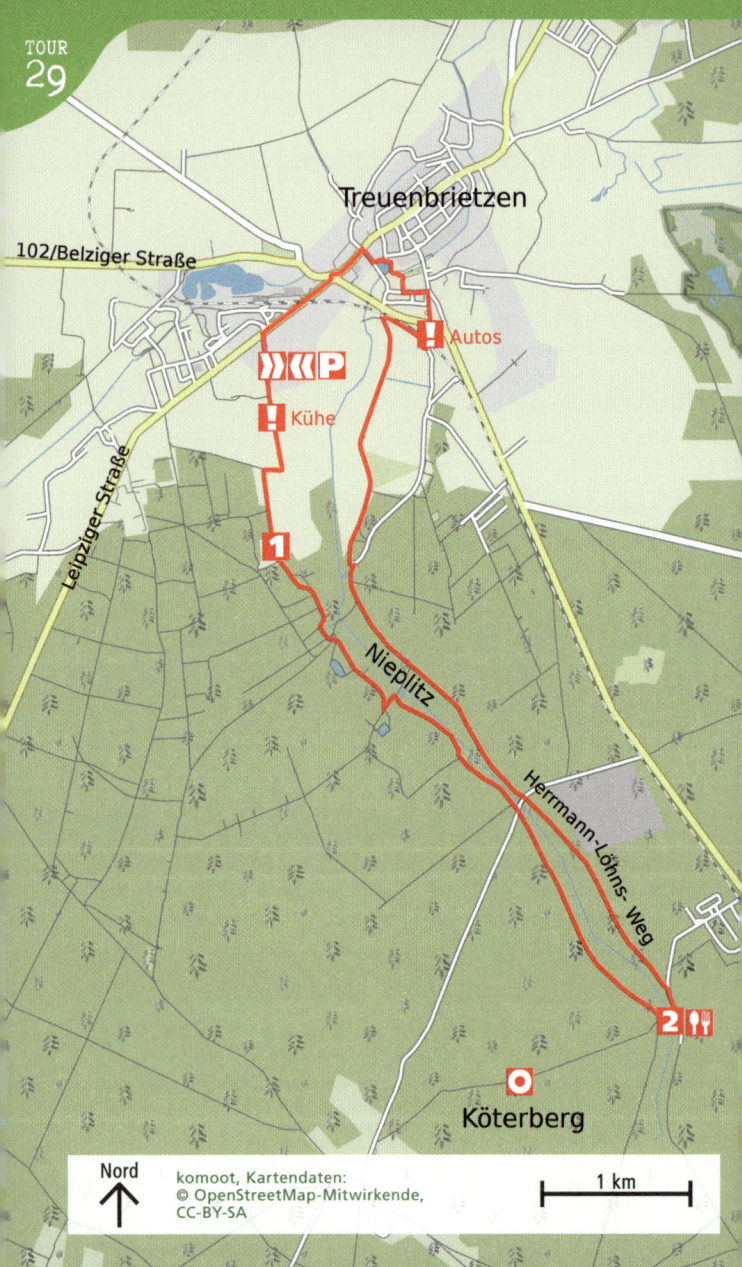

Neugierige Vierbeiner am Start der Tour

Info

🚆	RE bis Jüterbog, dann RB bis Treuenbrietzen
🅿	Böllrichstraße in Treuenbrietzen
🗺	Kompass Wanderkarte Fläming (Nr. 747)
🍴	Gaststätte zur alten Eiche Lindower Weg 2 / OT Frohnsdorf 14929 Treuenbrietzen Tel.: 033748-215020 www.alte-eiche-frohnsdorf.de Zimmer ab 56 Euro (einfach, aber geschmackvoll)
ℹ	Stadt Treuenbrietzen www.treuenbrietzen.de
✚	Tierarztpraxis Romanazzi Niebler Dorfstrasse 31 14929 Treuenbrietzen Tel.: 033748-21880

TOUR 30

**Eine echte Mittelalterburg –
einer der höchsten Punkte des Flämings**

Burg Rabenstein und das Planetal

Hundefreundlichkeit: **An der Burg Rabenstein ist bei gutem Wetter und zu besonderen Veranstaltungen viel los. Im Burghof sind Hunde willkommen, ebenfalls in der Gaststätte. Kurz hinter der Burg liegt die Falknerei – Otto reagierte sehr deutlich auf den Geruch der großen Greifvögel. Der Weg führt über den kleinen Ort Rädigke – dort passieren wir für rund 1 km die Straße, eh man ins Planetal einbiegt und wieder ziemlich ungestört ist.**

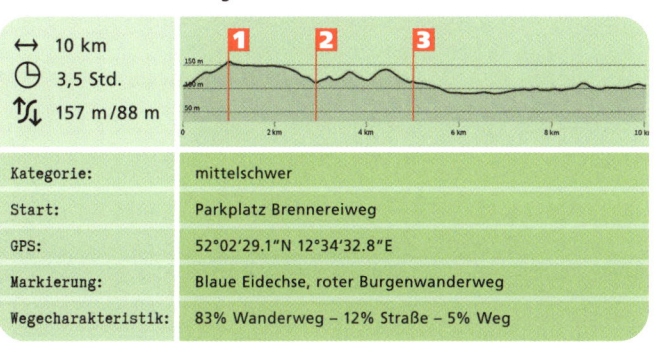

↔ 10 km
⏲ 3,5 Std.
↕ 157 m / 88 m

Kategorie:	mittelschwer
Start:	Parkplatz Brennereiweg
GPS:	52°02'29.1"N 12°34'32.8"E
Markierung:	Blaue Eidechse, roter Burgenwanderweg
Wegecharakteristik:	83% Wanderweg – 12% Straße – 5% Weg

Zwar wird der Fläming gerne als Mittelgebirge bezeichnet, doch an seiner Oberfläche ragt nur an wenigen Stellen im Süden und Südwesten das Festgestein empor. Die 1 Burg Rabenstein ist einer der Orte, wo das sehr deutlich zu sehen ist. Ansonsten bietet die Tour landschaftlich, wofür der Fläming steht: Sand, Lehm, Kies und Gestein, die die Eiszeit-Gletscher hinterlassen haben, alles harmonisch in leichten Wellen dargereicht.

Wir starten die Tour an der Burg Rabenstein, die kaum zu übersehen ist – und außerdem sehr gut ausgeschildert ist. Dort hinauf ist es schon ein kleiner Anstieg – aber es sei jedem, der das anstrengend findet gesagt: Nirgendwo wird es wieder so kraftzehrend wie hier, also tief durchatmen, notfalls könnte man oben im Burghof die erste Rast abhalten.

Nach der Burg laufen wir an der ❗ Falknerei vorbei geradeaus bis zur

2 L84, an der wir scharf rechts wieder zurück in den Wald wandern. Wir folgen der ersten Abbiegung nach links, die uns schnurrgerade bis zur befahrenen **3** Bergstraße führt. Dort links, vorbei am Campingplatz, bis nach Rädigke. In der Ortsmitte links ins ausgeschilderte Planetal, wo wir zunächst die Plane überqueren – eine gute Trinkgelegenheit für die Hunde.

Der weitere Weg ist gut ausgeschildert – im Grunde geht es immer nur geradeaus durch eine leicht gewellte, ab und an landwirtschaftlich genutzte Landschaft. Nach ca. 3 km biegen wir links ab und folgen der Ausschilderung zurück zur Burg Rabenstein. Im Ort befindet sich **4** das Naturparkzentrum. Dort befindet sich die Touristeninformation und ein kleiner Laden. Hier können Sie auch Räder ausleihen, falls Sie nicht so gut zu Fuß sind.

Lolo musste sich in der Plane kurz abkühlen

Burg Rabenstein

Die Burg Rabenstein gehört zu den schönsten Burgen in Brandenburg. Im 13. Jahrhundert wurde die Anlage auf dem 153 Meter hohen „Steilen Hagen" das erste Mal erwähnt. Die Burg galt lange Zeit als uneinnehmbar. Zur Burganlage gehören eine Kapelle, ein Rittersaal und die Folterkammer. Im Burgvorhof befinden sich der Brunnen, die Scheune und das Backhaus. Der 30 m hohe Bergfried bietet eine einmalige Aussicht über den Hohen Fläming. Jedes Jahr zu Ostern findet auf Burg Rabenstein ein mittelalterliches Burgspektakel statt.

Info

🅗	RE bis Bad Belzig, dann Bus 592 bis Raben
🅟	Parkplatz Brennereiweg in Raben
🗺	Kompass Wanderkarte Fläming (Nr. 747)
🍴	Burg Rabenstein Zur Burg 49 14823 Rabenstein / Fläming Tel.: 033848-60221 www.burgrabenstein.de Zimmer ab 25,50 Euro (guter Jugendherbergsstandard)
ℹ	Naturparkzentrum Hoher Fläming Brennereiweg 45 14823 Rabenstein/Fläming, OT Raben Tel. 033848-60004 Mail: info@flaeming.net www.flaeming.net
✚	Dr. med. vet. Winfried Muche Jüterboger Straße 27 14823 Niemegk Tel.: 033843-51332

Impressum

Bibliografische Informationen der
Deutschen Nationalbibliothek
Die Deutsche Nationalbibliothek verzeichnet diese Publikation in der
Deutschen Nationalbibliografie;
detaillierte bibliografische Daten
sind im Internet über
http://dnb.d-nb.de abrufbar.

ISBN: 978-3-95693-008-9

Grafisches Gesamtkonzept, Titelgestaltung, Satz und Layout: Stefan
Berndt – www.fototypo.de

© Copyright: FRED & OTTO –
der Hundeverlag / 2014/15
www.fredundotto.de

Aktualisierte Auflage, 2024

Alle Rechte, auch die des Nachdrucks
von Auszügen, der fotomechanischen und digitalen Wiedergabe und
der Übersetzung, vorbehalten.

Illustration: Leandro Alzate
(www.leandroalzate.com)

Trotz intensiver Recherchen können
sich Telefonnummern etc. und Details, selbst Wege verändern. Wir
freuen uns deshalb, wenn Sie uns
Verbesserungsvorschläge schicken.
Alle Angaben sind ohne Gewähr.

Abbildungsnachweis

Alle Fotos: Alexander Schug, außer
Jan Villwock: S. 7
Michael Kerling: 8, 13, 39 (oben), 40,
43, 44, 47, 48, 51, 67 (oben), 70, 73, 74,
77, 81, 82, 83, 87, 94, 97, 131, 135, 137,
138, 141, 152, 155, 159
Lucas Heinz: S. 11
S. 22: „Großer Stechlinsee - bei Neuglobsow 23-04-2010 191" von Botaurus - Eigenes Werk. Lizenziert unter
Public domain über Wikimedia Commons - http://commons.wikimedia.org/
wiki/File:Gro%C3%9Fer_Stechlinsee_-_bei_Neuglobsow_23-04-2010_191.
jpg#mediaviewer/File:Gro%C3%9Fer_Stechlinsee_-_bei_Neuglobsow_23-04-2010_191.jpg

Finde uns auf Facebook unter www.facebook.com/fredundo